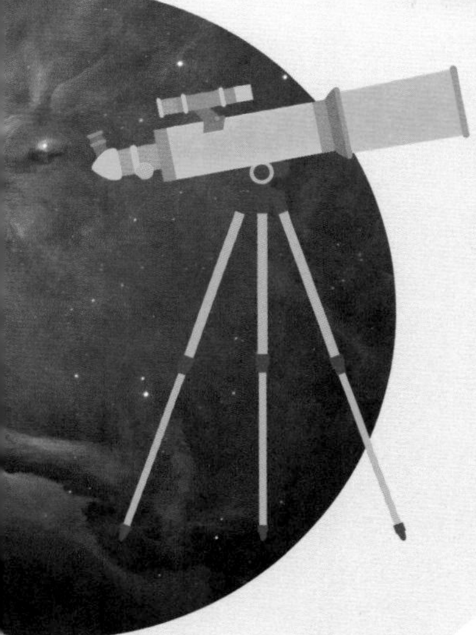

给孩子的天文学实验室

Astronomy Lab for Kids

【美】米歇尔·尼科尔斯 著 河马星球 译

华东师范大学出版社

图书在版编目（CIP）数据

给孩子的天文学实验室/(美)米歇尔·尼科尔斯著；河马星球译．—上海：华东师范大学出版社，2018
ISBN 978-7-5675-7018-4

Ⅰ．①给… Ⅱ．①米… ②河… Ⅲ．①天文学－儿童读物
Ⅳ．①P1-49

中国版本图书馆CIP数据核字（2018）第141229号

Astronomy Lab for Kids: 52 Family-Friendly Activities
By Michelle Nichols

给孩子的实验室系列

给孩子的天文学实验室

著　　者　[美] 米歇尔 · 尼科尔斯
译　　者　河马星球
策划编辑　沈　岚
审读编辑　江　红
责任校对　张多多
封面设计　卢晓红
版式设计　宋学宏　卢晓红

出版发行　华东师范大学出版社
社　　址　上海市中山北路3663号　　邮编 200062
网　　址　www.ecnupress.com.cn
总　　机　021-60821666　行政传真 021-62572105
客服电话　021-62865537
门市(邮购)电话　021-62869887
地　　址　上海市中山北路3663号华东师范大学校内先锋路口
网　　店　http://hdsdcbs.tmall.com

印 刷 者　上海中华商务联合印刷有限公司
开　　本　787×1092　12开
印　　张　12
字　　数　264千字
版　　次　2018年10月第1版
印　　次　2018年10月第1次
书　　号　ISBN 978-7-5675-7018-4/P·011
定　　价　58.00元

出 版 人　王　焰

（如发现本版图书有印订质量问题，请寄回本社客服中心调换或电话021-62865537联系）

这本书献给以下这些人：

首先，我的父母总是鼓励我去做从未做过的事情，

我的家人和朋友，他们从来不会说“不，你不应该这样做”，

特别是我的哥哥马克，他和我一样努力学习科学。

最后，我的丈夫，布瑞恩，他是我的头号粉丝。

感谢所有人，你们给予我的鼓励远比你们认为的要重要。

52 个适合全家一起玩的天文学实验

把遥远的星空带回家

目 录

单元 5 探索我们的太阳系

单元 6 看星星

前　言

在我的记忆中，我很早就开始观察天空了。最早的记忆之一就是坐在父母的车后，向窗外望去，喊道："URFO，URFO！"URFO 是我五岁时看到的一些无法辨别的东西……那时天空中有什么东西在闪烁，缓慢地移动着，当然也有可能是因为我看过太多次飞机和电影《第三类接触》了吧。无论如何，如果有东西在天上飞而我不能确定它是什么东西时，我就称它为 UFO，或者说成 URFO。其实更重要的是，寻找这些东西使我养成了仰望天空的习惯。

我家乡的夜空令人惊叹。那时，天很黑，没有什么灯光污染，我们在后院就能看到银河。

夏天，无数个周六的晚上，我们会一边吃着爆米花，一边仰望星空，用小望远镜看向我们可以找到的星星。我甚至有一个自制的观测工具包，里面有我的手写笔记本、望远镜、星座寻盘和天文学指南。

在笔记本上，我勾画过北斗七星，学会了如何在天空中寻找物体；我还绘制过月亮。有个时刻一直铭刻在我的记忆里：那是我第一次通过望远镜看到土星，多么令人惊喜！我可以看到土星光环！土星不仅仅是电视上或是书上的一幅画，而是变成了一个可以观察和探索的世界。从那时起天文学对我来说变得非常真实，我想学习更多。

想要学习和了解天文的动力不断激励着我在今天去帮助孩子和成人认识头顶的天空。作为一个二十多年的博物馆教育工作者，我的主要工作是帮助人们了解天空的一切以及星星的运动轨迹。我希望每个人都明白，研究我们周围的世界不需要昂贵的设备。宇宙是一个值得去探索的奇妙地方，只要带上你的好奇心和想象力……还有，别忘记抬头哟！

哈勃望远镜捕捉到的光来自被称为半人马座星团的二百万颗恒星。
图片来源：NASA，ESA，and the Hubble Heritage Team (STScI/AURA)

概　述

本书包含了各种各样的实验活动。有些实验可以一次性完成，而有些则需要观察几个小时、几天，甚至几个月，这取决于你研究的是什么。许多实验中所需要的材料可能就在你周围，还有一些你尚未准备的材料也不会太难获得。我建议你开始写实验日志或用笔记本记录你的观察、结果、问题、评论和图画。这将有助于你完成实验，特别是那些需要较长时间或几个周期来完成的实验。

每个实验都包含以下几个部分：

- **实验用时**：告诉你大约需要多长时间来完成所有的步骤。
- **实验材料**：列出了实验中需要的所有物品。
- **安全提示**：我们会给你一些常识指南，让你的实验尽可能安全和愉快，并强调了一些需要提前做的准备。
- **实验步骤**：指导你一步一步地完成整个实验。
- **科学揭秘**：为每个实验提供了科学解释。
- **奇思妙想**：给予你进一步研究和实验的灵感，希望你会得到启发，拥有一些属于自己的想法。

这本书中的所有实验都经过实践，将帮助您开始了解太阳和月亮、行星和恒星……前期实验中创建的一些工具也会在后期实验中用到。这本书中有你想知道的关于天文学的一切，但它并不是百科全书，因为篇幅有限。“更多资源”（见第 140 页）会给你一些建议，利用网络资源和公共资源将有助于进一步扩大你的探索。

家长们，好好利用这本书吧。尽可能地帮助孩子们学习概念和词汇，并且协助他们实验吧。希望每个人都能从中学到新的东西。

请记住，科学不仅仅是一个实验或活动的结果，重要的是过程中的混乱和乐趣。科学家经常问问题，比如：为什么、如何、什么、何时何地，我们也是如此！科学就是回答问题然后提出更多的问题。科学不仅仅是找到“正确”答案，科学家们也从失败中学习，正如他们的成功一样。科学是奇迹，科学是发现，所以，让我们一起去思考和发现更多关于我们在宇宙中的位置的知识吧！

实验日志

科学家们用实验日志记录和详述研究背景、实验过程、有趣的结果、观点、想法和问题。有些人保留纸质的笔记本，另外一些人保留电子文档。他们为什么这么做？他们不该把时间花在做实验上吗？

虽然实验对许多科学家来说很重要，但科学家最重要的技能之一是向听众传达观点。如果你不能向别人解释发生了什么事，那么一个奇妙的实验和美妙的结果又有什么用呢。磨练记录实验日志的技能有几个原因：首先，科学家希望其他人知道实验的结果或研究新事物所取得的进步；其次，科学家希望别人能够重复相同的实验，能够按照实验步骤对结果进行反复确认（或反驳！）；再次，科学工作通常是由很多人一起完成的，并不是由一个人独立完成的，与团队成员进行良好的沟通就非常重要，这样每个人都能知道其他人在做什么；最后，一些实验可能需要很长的时间来完成，单凭记忆记住几个月或几年前发生的事情是困难的，如果没有实验日志就无法与之前的进度保持一致。

你和你的家人在做这本书里的实验时，每个人都可以准备一本属于自己的笔记本来记录所做的实验。以下是在这本实验日志中可以出现的内容：

→ **姓名**：你的名字。

→ **日期**：今天的日期。

→ **我要做的事**：用你自己的话，快速总结你要做的实验。

→ **我的问题**：在开始之前你对实验有什么问题。

→ **我的材料**：你打算在实验中使用的材料。

→ **我的观察**：观察你所做实验中发生的事情，如你看到的、听到的、触碰到的。

→ **我的数据**：你在实验中收集的信息或数据；不要忘记标注单位、重量、长度、时间等。

→ **我的感想**：你对实验的看法是什么，你认为实验的结果意味着什么，以及你发现的问题的答案。

→ **我的思考**：你遇到的任何问题再加上你想出的任何解决方案。

如果你不想书写的话，可以用图画替代吗？当然可以！你可以使用任何你觉得方便的形式，记录正在做的事情。记住，并没有唯一的“正确”格式，用最适合你的方式就好啦！

每次完成了这本书中的一项实验之后，都可以想想还有没有其他方法来解决同样的问题。可以尝试不同的实验方法或发明一个新方法来做同样的实验。你学到的东西要如何应用到真实的生活中？把你的想法写在实验日志上吧，这样以后你就可以回顾啦！

单元 1　观察

在学校里，我们经常被告知要“观察一些东西”，比如，在某个实验中观察液体被加入粉末中会发生什么。但是“观察”本身意味着什么呢？就只是看看发生了什么事吗？我怎么知道我在寻找的是什么呢？

观察不仅仅是指用你的眼睛看向某个方向，还是使用你的触觉、嗅觉、视觉、味觉和听觉进行的一种主动的体验。

观察还包括使用仪器来扩展你的感官，你可以通过观察来记录信息。

接下来的实验将丰富你的感官，让你从体会观察天空的视角到观察明显的太阳运动、闪烁的星星、太阳的颜色和月亮相位。让我们用自身的感官和简单的材料来练习观察技巧吧！

1994 年由美国国家航空航天局的“克莱门汀”号飞船拍摄的满月。

图片来源： NASA/Goddard Space Flight Center Scientific Visualization Studio

制作观察报告

实验用时

10分钟

实验材料

→ 纸质午餐袋（或枕套、可重复使用的杂货袋、任何其他不透明的袋子）
→ 来自身边的有着有趣纹理、形状或材质的小物品
→ 实验日志
→ 铅笔

安全提示

— 在本实验中选取的观察物品越有趣越好。但是，要十分小心，不要选择有锋利边缘、尖锐边角的，以及触摸、嗅闻和操作时会对身体有害的物品，也不要选择很冷或很热的物品。

如何观察你看不到的物品？使用其他的感官！

实验步骤

第1步：选择担任领导者或观察员。

第2步：领导者将一件物品放进不透明袋子里，不要让观察员看到。

观察员使用触觉、嗅觉和听觉来仔细感受袋子里的物品。可以触摸、拿起来轻轻摇晃、闻一闻，但是不要直接看。如果需要从袋子里拿出物品来直接感觉，要闭上眼睛确保不会看到物品。（图1）

第3步：观察员告诉领导者对这件物品的感受。如：它摸上去有什么感觉？它是什么形状的？它是沉重的还是轻盈的？它有味道吗？它的表面是光滑的还是粗糙的？它是由什么材料制作的，是金属、木材、塑料、纺织品还是多种材料兼有？它有多大？它还有什么别的特点吗？它是由多种零件组成的还是一个整体？摇晃它的时候发出声音了吗？它摸上去是温暖的还是凉爽的？当观察员做报告的时候，要大声地说出自己的各种感受。

当观察员报告自己的观察结果时，领导者在实验日志上做记录。（图2）

第4步：当观察员做完之前的所有观察后，便可以用眼睛来看这件物品了。可以看看：它的颜色是什么样的？它看上去很亮还是有些黯淡？它是透明的吗？领导者记录观察员的观察结果，然后选择一个或几个合适的角度将物体的草图画出来。（图3）

科学揭秘

你有没有注意到这个实验不是去猜测袋子里的物品究竟是什么？如果你想，你当然可以去猜它是什么，但是主要目的是使用所有的感官来确定物品的不同特征，例如它的长度、宽度、高度、重量，它的构成，它的声音和气味，包括它是如何移动的（或不移动）等。只有在弄清楚了除视觉之外的其他感官能够感受到的一切信息之后，你才能体会到视觉能够提供的特别信息，比如物品的颜色或者它是否有光泽。绘制对象同样是一个很重要的科学步骤。从不同角度去看物品，你就可以知道这个物品如何工作，它的部件有什么功能，以及它如何随时间变化。做一份完整的包含尽可能多的细节的观察报告，你就可以知道关于物品的很多信息，而这正是科学研究中很重要的部分——特别是对天文学而言！

奇思妙想

拿上你的实验日志和一支铅笔，去公园、田边或者森林，找一处你可以坐上一小会儿的地方，观察并记录下你看到、听到、闻到和碰到了什么。画出你看到的场景的草图，尝试在不同的季节去相同的地点重复你的观察。同一个地点随着时间变迁会发生什么变化？请在你的实验日志上记录下所有你观察到的细节。

在一个晴朗的夜晚出门，带上铅笔和实验日志，去观察月亮和它周围的群星吧。你可以记录下它们的样子，当然也不要忘记记录周围的环境，要尽可能多地记录细节。经过几天、数周、一个月左右的重复观察后，再次抬头仰望星空时，有没有感觉到天空变得更加熟悉了呢？

图1：放一个物品在袋子里。

图2：这个物品是大的还是小的？是重的还是轻的？是粗糙的还是光滑的？

图3：用你的视觉去观察物品。这个物品是光亮的吗？是粗糙的还是光滑的？

手中的角度

实验用时

5分钟

实验材料

→ 你的手

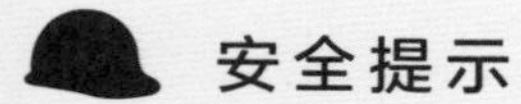

安全提示

— 为了准确地找到角度，请确保你的手臂完全张开，并保持肘部伸直。

天空中的物体究竟有多远？使用你拥有的最简单、也最好用的工具——双手来测量吧！

实验步骤

第1步： 伸直你的手臂，伸出你的小指。在远处找到一些匹配你小指指尖宽度的东西，沿着你手臂的方向看你的小指，小指指尖的宽度就大约是1度，如果你看的远方有和你小指指尖宽度恰好匹配的物体，我们就可以说这个物品有1度宽或1度高。（图1）

第2步： 伸直你的拇指，大拇指指尖的宽度大约是2度，如果你看的远方有和你大拇指指尖宽度恰好匹配的物体，我们就可以说这个物品有2度宽或2度高。（图2）

第3步： 伸直你的手臂，把手握成拳头，注意将手臂保持伸直状态，从小指的底部到食指的顶部大约是10度。你的小指（大约1度）、大拇指（大约2度）和你的拳头（大约10度）这三个用来测量角度的部位可能是你在观察天空的时候最常用到的。（图3）

图1：一个小指的宽度等于1度。

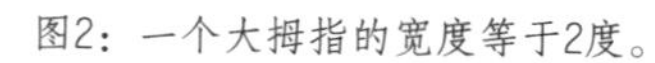

图2：一个大拇指的宽度等于2度。

第4步： 还有一些其他的你可能用得上的角度。伸出你的食指、中指和无名指，把它们并紧，从食指边缘到无名指边缘的角度大约是5度。接下来张开你的手，确保食指和小指倾斜张开，食指和小指之间的角度大约是15度。最后，保持着张开的手，大拇指和小指之间的角度大约是25度。

第5步： 在外面找一处能够看到地平线和远处天空的地方，伸直你的手臂并握拳，让拳头底部与地平线重合，从拳头底部到拳头顶部大约是10度。如果你将一个拳头放在另一个拳头的顶部，交替向上叠，一直伸到你头顶的天空，这需要多少个拳头？应该是9个左右，9个拳头总计90度。这个在头顶上指向天空的点有一个特殊的名字——“天顶”，在天顶的对面，也就是你脚下的地面也有一个点，它叫“天底”。天空看上去就像一个倒扣在头顶上的碗，这个碗的边缘就是地平线，而整个天空就是半个球面。

图3：一个拳头大约为10度。

科学揭秘

画一个圆，如果从圆的顶部过圆心到底部划一条线，就将这个圆分成了2份；如果再加一条从左边过圆心到右边的线，就将这个圆等分成了4份。用这种方法画180条线，可以将圆等分成360份，每一份就是1度，10份连续的1度就是10度。一个半圆就是180度，整个圆就是360度。

科学家们用角度表示天空中的群星究竟有多远。然而在很多情况下，1度仍然太大了，无法精确描述物体有多远，因此还会将1度分为更小的角度单元。

奇思妙想

你有没有注意过月亮在接近地平线时有多大？把月亮和你的小指或大拇指进行比较，过了几个小时，等到月亮升起后用同一根手指再比较一次。想一想：这个大小的差异究竟是真实的，还是只是一个光学错觉呢？

学会寻找方向

实验用时

20分钟

实验材料

→ 1根长约30厘米的细棍
→ 2根长约30～45厘米的细棍
→ 1个直径约8厘米的黏土球
→ 2颗小石子（或其他小物品）
→ 4张纸，分别在上面写N（北）、S（南）、E（东）、W（西）

安全提示

— 选择在晴朗的一天做实验！当然在多云的情况下也是可以完成实验的。
— 绝对不要直视太阳！直视太阳会让你的眼睛受伤甚至失明。
— 选择一处平坦的地方，确保地上没有大块阴影。

利用太阳和一些日常的物品来找到东、南、西、北吧！

实验步骤

第1步：在中午开始这个实验，具体时间随意。

第2步：将30厘米长的细棍竖着插进地里，如果没有地方可插，就用黏土球固定住。注意保持棍子竖直，如果棍子有点歪就加点黏土固定住。

图1：标记第一个阴影的尽头处。

图2：标记第二个阴影的尽头处。

图3：标记东西方向。

第3步： 找颗小石子放在细棍阴影的尽头处作为标记。（图1）

第4步： 15分钟后，将另一颗小石子放在细棍阴影的尽头处，再次标记。（图2）

第5步： 将两颗小石子用一根细棍连起来。这根细棍横贯东西，朝向第一颗石子的方向是西，另一边则是东。现在把标有“E”和“W”的纸张摆在对应的位置。（图3）

第6步： 将另一根细棍垂直地摆在刚才东西向的细棍上。这根细棍指向南北方向。根据“上北下南左西右东”的原则找到南和北的方向，把标有“N”和“S”的纸张放在对应的位置。（图4）

第7步： 环顾四周，在各个方向上找一些地标，以便将来回到此处再次辨别方向。现在，可以在实验日志上记录你的发现了。

科学揭秘

地球在不停地自转，但是对于站在地球上的人来说，大地是静止的，太阳会升起、穿过天空并落下。当太阳运动的时候，阴影也在随着太阳运动。我们可以利用太阳的阴影来寻找方向。

当然，你也可以用指南针或支持GPS的设备（如智能手机）来寻找方向。但是，如果正好没有这些工具或者手机的电用光了怎么办？这次实验提供的方法就能很好地解决这个问题。

奇思妙想

你家附近的街道是不是标准的东西或南北朝向？

有没有人告诉你，通过观察树上的苔藓的外观可以帮助你寻找方向？试着观察树上苔藓的外观，和已知的方向信息进行比对，记录下来你的观察收获。

图4：你成功地找到了所有的方向！

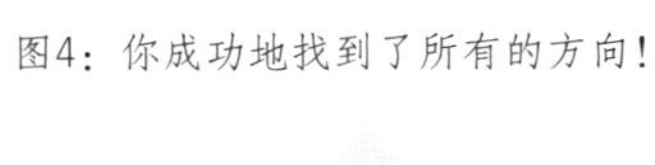

日出，日落

实验用时

每次观察5~15分钟，持续一年

实验材料

→ 实验日志
→ 铅笔

安全提示

— 绝对不要直视太阳！直视太阳会让你的眼睛受伤甚至失明。
— 当地日出和日落的时间可以用多种方式找到，比如在网络上搜索或使用天气类软件。

太阳总是东升西落吗？让我们一起看看！

实验步骤

第1步： 在了解了如何辨别方向后（见实验3），选择一个能够看到东方或者西方地平线的位置（最好是找到一个能同时看到两个方向地平线的地方）。然后在你的实验日志上画出在东西方向地平线上看到的东西，包括建筑、树木以及其他引人注目的细节。这些可以帮助你确认你每次都在同一个位置观察。（图1）

第2步： 在日出或日落前5分钟到达观察地点。注意日出或日落时太阳在地平线上的位置，将其记录在实验日志上，写下当天的日期。理想情况下，你应该记录同一天的日出和日落。但天气不好的时候，如果你无法在同一天完成，晚一两天记录也没关系。（图2）

第3步： 你需要在一年中持续观察并记录结果。你可以每隔几天、几周、一个月甚至两个月进行一次记录。

最重要的观察日期是12月21日、3月21日、6月21日以及9月21日，也可以是这几个日子的前后几天。

第4步： 当完成所有观察后，分析一下实验日志中的数据。太阳是每天都从正东方升起、从正西方落下的吗？

图1：记录你的观察。

图2：太阳在哪儿升起？又在哪儿落下？

科学揭秘

由于地球的轴线是倾斜的，全年中日出和日落的方向一直都在变化。地球的轴线是从北极穿过地球中心直达南极的一条虚拟线。如果地球在其轴线上直立转动，那么太阳每天应该都是东升西落的。但是，由于地轴倾斜了23.5度以及地球本身在绕着太阳公转，因此全年中日出和日落的位置一直都在变化。只有在春分和秋分这两天，太阳是从正东方升起，从正西方落下。日出和日落的方向与正东、正西偏离了多少，取决于观察点的地理纬度，也就是观测者所在位置到地球赤道的距离。

奇思妙想

你认识住在其他国家或城市的人吗？如果认识，尝试与他在同一天或邻近的几天中一起观察太阳升起和落下的方向，并记录下你们各自所在位置的纬度。比较一下你们的数据，看一看：有什么相似吗？有什么不同吗？

如果你想查询所在位置的纬度，可以上网搜索。

头顶的太阳

在地方时正午的时候，太阳是否总是出现在头顶的正上方呢？

实验用时

每月观察一次，每次观察5～10分钟

实验材料

→ 标尺（或卷尺）
→ 实验日志
→ 铅笔

安全提示

— 选择在晴朗的一天做实验！当然在多云的情况下也是可以完成这个实验的。
— 绝对不要直视太阳！直视太阳会让你的眼睛受伤甚至失明。
— 找一块平地，例如平整的小区路面。
— 这个实验需要两个人参与，一个人制造阴影，另一个人测量阴影的长度。
— 如果你想查询所在位置纬度，可以上网进行搜索。

图1：找到当地的地方时正午时间。

图2：测量影子的长度。

实验步骤

第1步： 在地方时正午——当地一天中太阳最高的时候进行这个实验。* 正午在天文学上又叫“太阳上中天”。（图1）

第2步： 在地方时正午前的几分钟，到达观测地点。正午时，制造阴影的人应当面朝南站立，测量者要测量此人从脚后跟到其影子最长点（一般是头顶）的距离。在实验日志上记录下这个阴影的长度、观测的日期和时间。（图2）

第3步： 每个月重复一次这个实验，确保制造阴影的是同一个人（身高要保持相同）。关键的观察日期是夏季的第一天——夏至。在北半球，夏至一般在6月21日左右；在南半球，夏至一般在12月21日左右。尽量在夏至那天进行实验，如果不行，在夏至的前后进行问题也不大。（图3）

第4步： 分析数据。如果在一年中的某个时候太阳正好出现在你的头顶正上方，你会发现当时的影长应该为0，影子正好在制造阴影的人的脚下。在你的记录里，有没有太阳直接出现在你头顶正上方的时候呢？

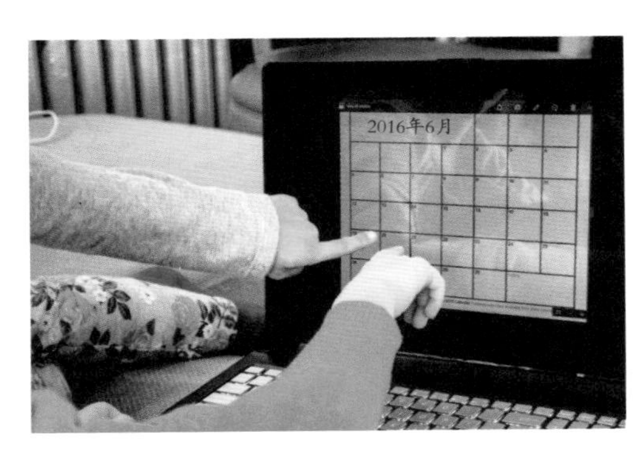

图3：在夏至的那天测量影子。

科学揭秘

因为地球轴线的倾斜角为23.5度，在北纬23.5度和南纬23.5度之间的地区，太阳会在一年中的某个时候恰好在你头顶的正上方出现。在北纬23.5度的位置，太阳会在北半球夏至的时候升到头顶的正上方，而在南纬23.5度的地方则会在南半球夏至时升到头顶的正上方。这些特殊的纬度有特殊的名称，北纬23.5度被称作北回归线，南纬23.5度被称作南回归线。在所有北回归线以北及南回归线以南的地区，太阳在一年中永远不会直接经过头顶，即使有时候看上去很接近。

奇思妙想

你认识住在其他国家或城市的人吗？如果认识，尝试在几天中一起做这个实验（制造影子的人的身高要很接近）。记录影子的长度和观察点的纬度后，你有什么发现吗？

*译者注：要找到当地正午的时间，可以上网搜索“正午时间查询”来找到时刻表；或者登陆https://richurimo.51240.com，在那里选择观察的时间和位置获得“日中”时刻。

实验6 多彩的太阳

实验用时

20分钟

实验材料

- 1块小的白色球形橡皮泥（或黏土）
- 1根25厘米长的热熔透明胶棒，切成2段（见安全提示）
- 胶带
- 1块直径20厘米的纸板
- 小型白色LED手电筒，最理想的是射出的光柱大小和胶棒一样大

安全提示

- 需要成年人用锋利的刀片来切割热熔胶棒，截成2段，一段2.5厘米长，另一段10厘米长。
- 将橡皮泥球做成与胶棒相同宽度的球形，晾干。

你确定我们的太阳是黄色的吗？眼见不一定为实哦！

图1：把橡皮泥固定在纸板上。

图2：把胶棒粘在纸板上，距离橡皮泥一定距离。

实验步骤

第1步： 用胶带将橡皮泥固定在纸板的中心。（图1）

第2步： 将短胶棒粘在橡皮泥上方1厘米处，然后把长胶棒粘在橡皮泥右侧1厘米处。（图2）

第3步： 打开手电筒，关闭房间里的灯光。现在，把手电筒正对短胶棒的末端，让手电筒的光线越过短胶棒照在橡皮泥上，看看橡皮泥上出现的是什么颜色的光。（图3）

第4步： 把手电筒正对长胶棒的末端，让手电筒的光线越过长胶棒照在橡皮泥上，看看橡皮泥上出现的是什么颜色的光。（图4）

图3：光线穿过短胶棒后变成什么颜色了？

图4：光线穿过长胶棒和穿过短胶棒后的颜色一样吗？

奇思妙想

日本被称作“太阳升起的土地”。太阳升起时是什么颜色的？日本国旗描绘的是什么？收集世界各国有关太阳的标志，并研究这些标志中和太阳有关的故事。

科学揭秘

你见过彩虹吗？彩虹是什么颜色的？彩虹的颜色就是组成太阳光的颜色。我们眼睛能看到的光被称作“可见光”，当所有这些颜色的光一起出现时，太阳光看上去就是白色的。我们也把这叫作“白光”。

当太阳光穿过我们的大气层时，空气将蓝光散射。这就是我们看到的是一个蓝色的天空的原因。我们将在实验24中再次说明“为什么天空是蓝的”（见第74页）。因为太阳的蓝色光已经被散射，所以我们的太阳看上去更黄一些，这时候太阳的蓝光已经被“清除”了。当太阳距离地平线很近的时候，阳光要穿过更厚的大气层，因此蓝光被散射得更彻底，太阳看上去会变得更红一些。

在本实验中，短胶棒代表着我们头顶的大气层，而长胶棒代表着地平线附近的大气层。短胶棒散射了来自手电筒的蓝色光，使橡皮泥上的光看上去更黄。长胶棒散射了更多的蓝光，使得橡皮泥上的光看上去更红。那么，我们的太阳究竟是什么颜色的？黄色？橙色？红色？手电筒给了我们最好的线索。橡皮泥上的光线的颜色取决于白光穿过了多少胶棒，但是手电筒本身的白光是不变的。我们的太阳的确是白色的！如果你站在宇宙中看太阳，太阳就的确是白色的。

月相的变化

实验用时

10分钟

实验材料

→ 椅子
→ 1个明亮的灯泡（或手电筒）
→ 1个直径至少5厘米的白色聚苯乙烯球（代表月球）
→ 实验日志
→ 铅笔

安全提示

— 这个实验需要两个人，一个人是“建模者”，需要握着球；另一个人是“观察者”，需要观察“月球”的变化。
— 不要使用聚苯乙烯泡沫球，聚苯乙烯泡沫塑料的粗糙质感将使阴影和明亮区域之间的界线变得更加难以辨别。聚苯乙烯球在工艺品商店可能有供应。

（下转第28页）

为什么月亮总是有不同的形状？旋转看看！

实验步骤

第1步：观察者将椅子放在房间的中间，然后坐在椅子上。观察者代表着在地球上观察月球的人，“月球”会绕着观察者转。

建模者将“月球”保持在观察者的头顶和眼睛之间的高度，不要高也不要低。在距离观察者约1.5米的地方绕着他转圈。（图1）

第2步：建模者握住“月球”，将其置于在观察者和光源之间。

观察者看向“月球”。能在“月球”上看到任何亮的部分吗？当然不能！这就是我们说的“新月”。此时月亮与太阳在天空中处于同一位置。

第3步：建模者逆时针绕观察者走一小段距离。

当观察者看到“月球”的右侧开始变亮时，告诉建模者停下。这个月相被称作“娥眉月”。（图2）

第4步：建模者继续移动。

当观察者看到“月球”的右侧亮起一半时，告诉建模者停下。这个月相被称作“上弦月”。（图3）

图1：建模者拿着“月球”绕着观察者走。

图2：看到右边有一点点亮光了吗？

图3：这是“上弦月”。

实验 7

月相的变化（续）

安全提示

（上接第26页）

— 如果聚苯乙烯球的底部没有小孔，成年人要帮忙钻一个可以让铅笔插进去的孔，用铅笔做球的手柄。

— 在这个实验中，请选择完全黑暗的房间，将灯光放在房间的一角。

第5步： 建模者继续移动。

当观察者看到“月球”右侧的大部分区域都亮起时，告诉建模者停下，这个月相被称作“上凸月”。

第6步： 建模者继续移动一点距离。

当观察者看到整个“月球”全部亮起时，告诉建模者停下，这个月相被称作“满月”。（图4）

第7步： 建模者继续移动。

当观察者看到“月球”左侧的大部分区域都亮起时，告诉建模者停下，这个月相被称作“下凸月”。

第8步： 建模者继续移动。

当观察者看到“月球”的左侧亮起一半时，告诉建模者停下，这个月相被称作“下弦月”。（图5）

第9步： 建模者继续移动。

当观察者看到“月球”的左侧开始变亮的时候，告诉建模者停下，这个月相被称作“残月”。（图6）

第10步： 建模者回到最初开始的地方，这个时候的月相也就又回到了“新月”。

图4：满月发生在月球与太阳的位置隔着地球相对的时候——当太阳下山时，满月升起。

图5：看到“月球”左边亮起一半了吗？

图6：看到“月球”左边出现一点点亮光了吗？

科学揭秘

就像地球绕着太阳旋转一样，我们的月球也在绕着地球旋转。月球绕地球一周的时间大约是29.5天。换句话说，地球上每经过约29.5天，月相就会重复一次。月球总有一半会被太阳照亮，而月相的变化就是由地球、月球、太阳三者位置关系的变化引起的。

奇思妙想

有人用“月亮的黑暗面”来描述月球的背面。这是一个适当的表述吗？为什么？

实验8 日食与月食

实验用时

5分钟

实验材料

→ 与实验7相同的材料（见第26页）
→ 小的白色LED光源，如实验6中的手电筒
→ 很小的橡皮泥或黏土球，直径不超过1厘米

安全提示

— 参照实验7中的安全提示。（见第26页）
— 记得让“月球”绕观察者逆时针旋转，这是月球绕地球旋转的方向。

什么是日食和月食？我们什么时候能够看到这些现象？

图1：当太阳被月球挡住时，就产生了日食。

实验步骤

第1步： 建模者握住“月球”位于观察者和光源之间，这一次，尝试挡住光线，让观察者看不到光源。

当光源被完全挡住时，观察者告诉建模者停下，这时代表月球将太阳完全遮挡住，这种现象被称作“日全食”。观察者让建模者稍微移动一下“月球”，使得“月球”只能挡住部分光源，这时代表月球将太阳部分遮挡住，这种现象被称作“日偏食”。（图1）

图2：在发生月食的时候，月球会变得更暗。

图3：凌日现象中行星只覆盖了太阳表面的一小部分。

第2步： 建模者拿着“月球”站到满月阶段的位置，也就是转半圈到观察者的另一侧。

当“月球”被观察者头顶的阴影挡住时，观察者告诉建模者停下，这时代表月球处于地球的阴影中，这种现象称作“月食”。

如果月球只是一部分处于地球的阴影中，还有一部分能够被太阳光照射到，这称为“月偏食”。如果月球完全进入地球的阴影中，这称为“月全食”。（图2）

第3步： 建模者将“月球”换成小球站在距离观察者约1.5米的位置。在观察者和光源之间移动小球使其能挡住一点点光线，这时代表有行星通过太阳前方，但行星体积太小，所以不能完全挡住太阳，这种现象被称作“凌日”。（图3）

奇思妙想

下一次水星凌日的时间是2019年，很可惜在中国境内无法看到，如果想知道具体的可见地区，可以上网搜索。

科学揭秘

当月球位于太阳和地球之间时，日食就会发生。在我们的实验中，“月球”从光源前方通过，并将其完全遮挡，“月球”的阴影就出现在观察者的眼里。日食只在新月阶段发生。

当月球穿过地球的阴影时，月食就会发生。在我们的实验中，“月球”穿过观察者头部投下的阴影。月食只在满月阶段发生。

物体（通常指行星）在观察者与恒星之间通过，这种现象就被称为“凌日”。但是需要注意，凌日的物体通常只能挡住一小部分的恒星光线。最著名的凌日现象之一就是“金星凌日”。金星的最近几次凌日发生在2004年、2012年和2017年。天文学上也同样用“凌日法”来寻找地外行星，因为遥远的地外行星会暂时挡住恒星的一部分，这就能让我们观测到暂时变暗的恒星。

闪烁的星星

星星看上去一闪一闪的，这是为什么呢？

实验用时

10分钟

实验材料

→ 1个能容纳至少1.5升水的玻璃杯
→ 1升冷水
→ 小手电筒（在实验6中用过的手电筒就可以）
→ 500毫升温水

安全提示

— 在黑暗的房间里进行这个实验。
— 如果冷水和热水之间温差较大，闪烁效果会更明显。可以用开水来加热温水，用冰块来使冷水降温。小心！太热的热水可能会烫伤你。

实验步骤

第1步： 将冷水倒入玻璃杯中（不含冰块），然后让水保持静止。注意一开始不要填满玻璃杯，因为之后还要加水。打开手电筒并关闭房间里的灯。（图1）

第2步： 将手电筒放在距离玻璃杯大约30厘米处，让手电筒的光线从玻璃杯的侧面穿过水到达另一侧。观察穿过水的光线。（图2）

第3步： 缓慢地将温水倒入玻璃杯中，再次观察穿过水的光线（可以请另一个人来帮忙倒水）。将温水倒入玻璃杯中，会不会对手电筒射出的光线造成影响呢？（图3）

第4步： 这一次，将手电筒放在距离玻璃杯至少3米的地方。把玻璃杯中的水倒掉，并重复刚才的实验。当手电筒离得更远之后，穿过水的光线有没有发生变化？如果房间的状况允许，可以继续把手电筒往远处移动并重复实验。（图4）

图3：倒入温水，你看到了什么？

图4：将光源移得更远后，你看到了什么？

图1：将冷水加入玻璃杯。

图2：观察穿过水的光线。

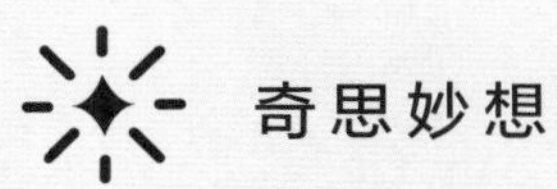

奇思妙想

当我们从地球上看太阳系中的行星时，它们并没有闪烁，这是为什么呢？提示：与我们能在晚上看到的星星相比，太阳系中的行星有多远？使用网络来查询行星在何时可见，并将它的光与我们在晚上看到的闪烁的星星进行比较吧。

要注意的是，虽然这种做法适用于很多行星，如水星、火星、木星和土星，但是金星是最简单的观测对象。因为在清晨和傍晚的天空中，除了月亮之外，它是最亮的对象。如果你不知道如何在天空中找到行星，可以从金星开始练习。

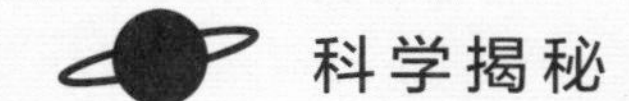

科学揭秘

当你在一个晴朗的夜晚走出家门，抬头仰望天空，你能看到星星吗？如果可以，盯住它们看一会儿，你看到了什么？如果你看的时间足够长，就有可能看到星星的光似乎在摆动或移动，这就是星星的闪烁。

星星很大，但是它们非常遥远，所以在天空中显得很小。来自星星的光束穿过了天空射入你眼中。天空中的大气是在不断移动的，正是这种移动的大气导致了光的移动。

有时候，当你盯着一个闪烁的星星看，它看起来会变颜色。难道星星真的会变色吗？不是的，星星的光线中包含了所有的颜色，从红到紫。有时不同颜色的光会被挡住，因此颜色就会变化。尤其当星星接近地平线时，颜色变化会更明显，因为这时光会穿过更多的空气。

如果你在太空中看星星，它们会闪烁吗？不会，因为太空中没有空气，所以没有什么能引起星光的晃动。所以如果你在太空中看它们，星星的光将是稳定的。这就是为什么哈勃望远镜能有惊人的精度，因为它不受地球大气的影响。

单元 2　看得更远

许多人认为伽利略（Galileo）是望远镜的发明者，事实并非如此，更可能是由 1608 年的荷兰镜头制造商们发明了望远镜。伽利略听说了这个奇妙的工具，并且试图加以改进。1609 年，他用望远镜观察天空中的物体，留下了当时的观察记录。

在数周和数月的观察过程中，伽利略看到了月球上锯齿状的山脉和陨石坑，还有金星的相位变化，这看起来与月球的相位变化很相似。他观察到四个围着木星绕圈的物体，也就是后来被我们所熟悉的四颗木星最大的卫星。他还看到了肉眼看不到的恒星等。1610 年，他出版了《星际信使》（*Starry Messenger*）一书，发表了他的观察成果。

望远镜看起来很复杂，是不是？几乎像魔术一样，一些特殊的镜头和镜子就能向我们展示存在于天空中的、以前肉眼无法看见的东西。不过，这其实并不神奇。这就是科学！在这个单元里，让我们用一些简单的材料来制作望远镜，更好地了解这个工具。

2009 年 5 月 13 日，由美国宇航员在“亚特兰蒂斯”号飞船上拍摄的以地球为背景、位于太空中的哈勃望远镜。

图片来源：NASA

被冰弯曲的光线

放大镜？制作一个“放大冰”怎么样？

实验用时

2～4小时

实验材料

→ 1把锋利的小刀，如美工刀
→ 1个网球
→ 1个比球略大的塑料容器
→ 蒸馏水
→ 1张有字的纸，例如一张报纸
→ 保鲜膜
→ 1个大金属勺子

安全提示

— 由成年人帮忙将球切成两半。
— 可以从便利店买到蒸馏水。
— 本实验所需的时间取决于水在冰箱中冻结的时间。
— 如果获得的冰块不够透明，就要重新冻一次。即使多次失败也不要灰心，因为这就是科学中有趣的一部分——不断地尝试。

实验步骤

第1步： 将一个半球放入容器中，切割口朝上。用蒸馏水将球的中空部分填满。（图1）

第2步： 注意不要让水溢出来，将容器放入冰箱的冷藏室。每隔1小时检查一次，直到水被完全冻成冰。水结冰后要尽快取出来，否则就会变得不透明。

第3步： 从半球中小心地取出半球形冰镜。你可能要将球泡在温水里使冰镜更容易脱离球。用手擦拭冰镜的平面，手的热量可以使冰面变得更平整。（图2）

第4步： 将报纸或杂志铺在桌子上，有字的那面朝上。将保鲜膜铺在纸上。保证保鲜膜平整无痕。

第5步： 将冰镜放在保鲜膜上，确保你可以透过冰镜来看到纸上的字。慢慢提起冰镜，看看有什么效果。（图3）

第6步： 拿一个大金属勺子，从勺子的上下两边分别看看自己反射在勺壁上的形象。两个形象有什么不同吗？将通过冰镜看到的文字和反射在金属勺上的形象进行比较，说一说：勺子哪面反射出的形象与冰镜的效果更相似？

图1：将水加入球内。

图2：得到了一块冰镜！

图3：透过冰镜，你看到了什么？

科学揭秘

在本实验中，你使用了不同曲率的物体。我们将曲率类型分为“凹”和“凸”。透镜或镜面中心向外的称为“凸”，透镜或镜面中心向内的称为“凹”。你制作的冰镜就是一块凸透镜。

凸透镜和凹面镜针对光线具有相同的效果：两者都能使图像变得更大，放大镜就是凸透镜的一个很好的例子。凹透镜和凸面镜对光线具有相同的效果：两者都能使图像看起来更小。光线通过透明镜片时发生弯曲的现象被称作折射；光线从镜面返回，被称作反射。

奇思妙想

你能找出一种制作冰凹透镜的方法吗？将水冻结成冰的时候，尝试让半球飘在水面上或者尝试让一块冰块中融化出一个半球形来，也可以尝试其他的方法。这可能很难，但是值得一试！记住，就如何制作一个冰凹透镜并没有一个准确的答案。（如果在你的设想中要使用尖锐物体或任何可能使你受伤的物品的话，请让成年人来帮助你完成。）

实验 11

对 焦

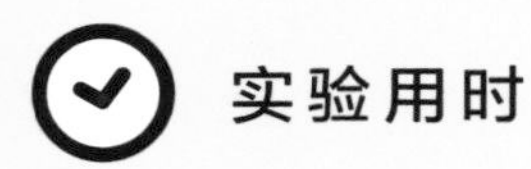

实验用时

15分钟

实验材料

→ 除去罩子、只剩一个灯泡的台灯
→ 1块装在老花镜上的镜片（+1.00、+1.25或+1.50屈光度）
注：1.00屈光度即通称的100度
→ 纸胶带
→ 1张白色复印纸
→ 卷尺
→ 放大镜

安全提示

— 将灯泡、装在眼镜上的镜片和白纸放置在同一水平线上，保持同一高度。
— 本实验需要两个人完成。一个人拿住纸张并移动，另一个人测量距离。
— 本实验最好在昏暗的房间里做。

将注意力集中在这些镜片上吧！

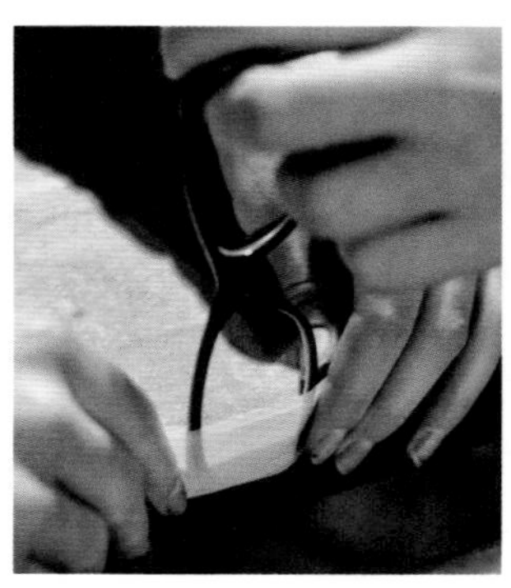

图1：放置灯泡和镜片。

图2：灯泡、镜片和白纸处在同一水平线上。

图3：寻找灯泡在白纸上映出影像的时刻。

实验步骤

第1步： 将灯泡点亮并放置在房间的一头，关掉其他的灯光。

第2步： 用纸胶带将眼镜绑在某个坚固物体的一侧，比如椅子的靠背上，固定住眼镜的一端，让装有镜片的另一端伸向外面。将装有镜片的眼镜放置在离灯泡约3米远的地方，如果能放得再远一点就更好。将镜片与灯泡保持在同一高度。（图1）

第3步： 将白纸与镜片放置于同一水平线上，并让白纸与灯泡分别处于镜片的两端。（图2）

第4步： 移动白纸，逐渐让其远离镜片，同时保持白纸、灯泡以及镜片处于同一水平线上，直到你能在白纸上看见一个非常小的灯泡影象。（图3）

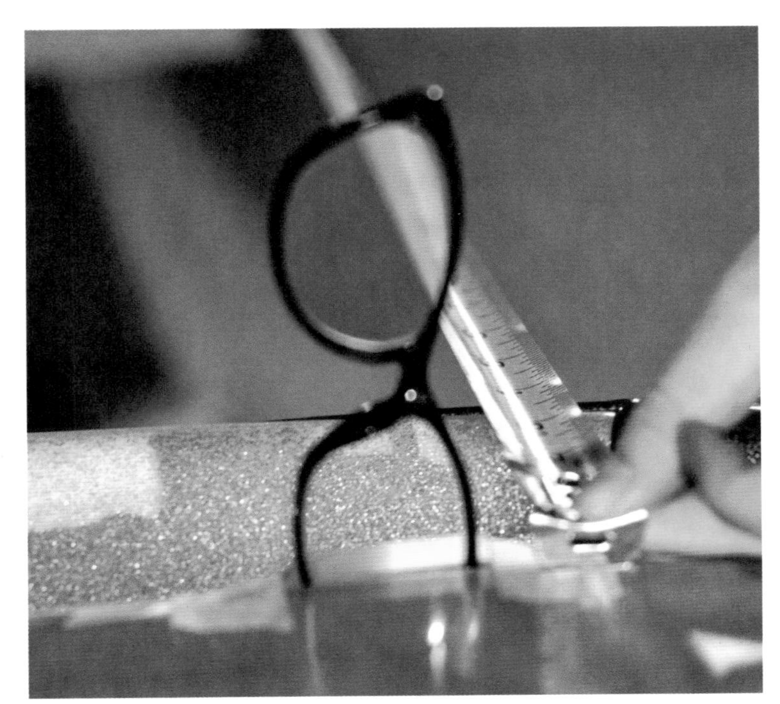

图4：测量白纸与镜片之间的距离。

第5步： 将白纸维持在这个位置，用卷尺测量白纸与镜片之间的距离。你量出的距离是多少？（图4）

第6步： 用放大镜替换镜片，然后重复实验（第2步～第4步）。这次白纸与放大镜之间的距离有多远？这个距离与之前的相比有没有区别？

第7步： 用手感受一下放大镜的镜片和装入眼镜的镜片，哪个镜片的中间部位比边上要厚？用哪个镜片在实验中测量出的距离更短？

科学揭秘

就像实验10中用到的一样（见第36页），中间厚并向外弯曲的透镜称为凸透镜。

凸透镜将光汇聚在一个特定的点上。物体的图像在这个点上是最小的，但也是最清晰的，即对焦最准确的。光汇聚到的这个点被称为焦点。镜片到焦点的距离被称为焦距。凹面镜也有一个焦点。

奇思妙想

你能确定你在实验10（见第36页）中制造的冰凸透镜的焦距吗？如果你制造了多个冰凸透镜，能将这些透镜的焦距都测量出来吗？动手时速度要快些，不然冰凸透镜会融化或者变形！这带来了一定难度！

你注意到灯泡在白纸上呈现的图像是倒着的吗？这是个错误吗？试着换几个光源重复实验，比如另一个灯泡、闪光灯或一台电视机，你发现了什么？

实验12 色差

实验用时

10分钟

实验材料

→ 1个圆形的干净玻璃鱼缸
→ 去除罩子只剩一个灯泡的台灯
→ 1张白色复印纸

安全提示

— 不要用太阳作为本实验的光源，如果鱼缸恰巧在某个适当的位置，它可能会聚焦太阳光并点燃白纸。可以用一个可调节亮度的台灯。房间越暗，白纸上呈现的图像就越清楚。
— 将白纸、鱼缸、灯泡保持在同一水平线上，保持在同一高度。
— 尽管用一个玻璃碗就可以做这个实验，但是尽可能找一个接近圆形的鱼缸，这样实验效果最好。
— 本实验最好在昏暗的房间里进行。

镜片会带来色差的问题，正如这个实验中白纸上映出的五颜六色的图像所体现的。

实验步骤

第1步： 将装满水的鱼缸放在桌子上，将灯泡点亮后放在房间的一头，与鱼缸至少保持3米的距离，关闭其他的灯。（图1）

第2步： 将白纸放在与灯泡相对的鱼缸的另一边。（图2）

第3步： 移动白纸逐渐远离鱼缸，直到你能在白纸上看见一个灯泡的影像。灯泡的哪一部分在上？如果可以的话，轻轻地上下移动灯泡。这会对白纸上灯泡的影像产生什么影响？（注意：考虑到不同鱼缸的形状和玻璃的厚度的差异，这个现象可能不容易看见，尽管如此还是要努力尝试。）（图3）

第4步： 接下来，观察白纸上灯泡的影像的颜色和影像边缘的颜色，你看见了什么？

第5步： 最后，我们要观察影像的清晰度。影像中间是什么样的？影像的边缘是什么样的？

图1：准备好玻璃鱼缸。

图2：将屏幕——白纸放置在鱼缸和灯泡的同一水平线上。

奇思妙想

在家里找找，看看还有没有能够用来当凸透镜的好材料。它们能将灯泡或者电视的光聚焦吗？试一下！

图3：看见灯泡的影像了吗？

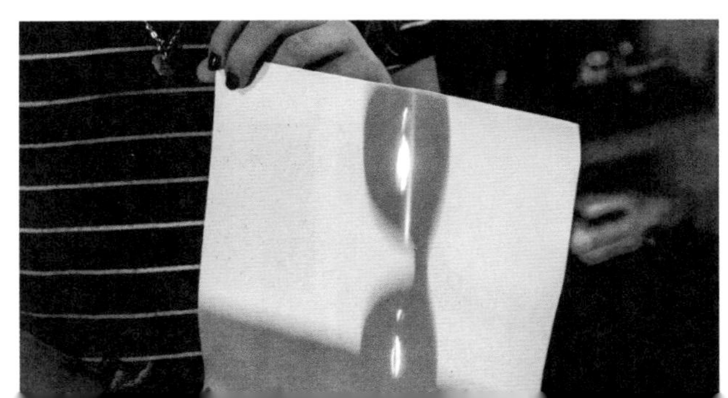

科学揭秘

在这个实验中，装满了水的鱼缸就是一块凸透镜，就像你在实验10中看到的那样（见第36页）。透镜有两种，凹透镜和凸透镜。凹透镜的中心向里凹进，凸透镜的中心向外凸出。一个完美的凸透镜应该能将光线聚焦到一个很小的点上。正如我们在实验11（见第38页）中学到的，这个小点就是焦点，透镜到焦点的距离就是焦距。事实上，就算透镜是完美的，它们也不能将所有光线汇聚到一个点上，因为不同波长的光线被透镜弯曲的程度也不同。因此凸透镜所带来的影像是模糊的，并有不同的颜色出现在上面。

当你看到灯泡的影像或者穿过玻璃的光线时，你有没有注意到白纸上的影像边缘的颜色？出现这种现象是因为不同颜色的光，比如蓝、绿或红光在穿过透镜时以不同的方式被弯曲。蓝色的光有一个焦点，绿光的焦点在距离蓝光焦点稍微远一点的位置，红光的焦点在更远的位置。在我们用鱼缸制造影像时，这还不足以成为问题，但是当天文学家使用望远镜，透过透镜去看遥远的物体，比如星星时，天文学家们会希望星星的周围不要出现颜色环。为了解决这个问题，有些望远镜会包含一些不同种类的透镜，不同的透镜将不同的颜色聚焦到同一点，这些镜片共同工作，制造出一个有着尽可能少的花边的影像。

实验
13

制作简易望远镜

望远镜看起来复杂，但实际上制作一个望远镜很简单，你自己就可以完成。

实验用时

10分钟

实验材料

→ 1个移除罩子、只露出灯泡的台灯
→ 1个装在老花镜上的镜片（+1.00、+1.25或+1.50屈光度）
→ 纸胶带
→ 1张白色复印纸
→ 放大镜

安全提示

— 在这个实验中，不要用阳光作为光源，透镜会聚焦太阳的光线并点燃纸张，也很容易损坏你的眼睛。
— 要注意的是，图中灯泡的亮度超过了这个实验所需要的光源的亮度，实验时可以使用暗一点的光源，这样在透过透镜看的时候不至于太亮。
— 这个实验的前3步与实验11相同（见第38页）。

实验步骤

第1步： 将灯泡点亮并放置在房间的一头，关掉其他的灯光。

第2步： 将眼镜用纸胶带绑在某个坚固物体的一侧，比如椅子的靠背上，固定住眼镜的一端，让装有镜片的另一端伸向外面。将装有镜片的眼镜放置在离灯泡约3米远的地方，如果能放得远一点更好。将镜片与灯泡保持在同一高度。（图1）

第3步： 将白纸与镜片放置于同一水平线上，并让白纸与灯泡分别处于镜片的两端。移动白纸逐渐使其远离镜片，同时保持白纸、灯泡以及镜片处于同一水平线上，直到你能在白纸上看见一个非常小的灯泡影像。（图2）

第4步： 当你看到白纸上出现一个小影像时，把放大镜放在白纸处，移开白纸，把你的眼睛放到放大镜的后面，就像你正通过望远镜看东西一样。透过这个放大镜看灯泡的影像，然后让你的眼睛慢慢远离放大镜，直到你看到一个稍微大了一些、亮了一些的灯泡影像。（图3）

图1：放置好灯泡和镜片。

图2：试着在白纸上获得一个小小的影像。

奇思妙想

试着构建一个管道来让你的镜片保持合适的距离。通过自由地移动目镜与物镜之间的距离来实现聚焦。你能把自制望远镜带到室外用一用吗？（千万别用望远镜看太阳！）

图3：透过放大镜，你看到影像了吗？

科学揭秘

一块透镜在前、一块透镜在后的望远镜叫做“折射镜”。折射镜中前面的那块镜片叫“物镜”，这块透镜能聚集物体的光线并弯曲或折射它，让光线聚集，形成一个很小的物体的影像。透镜越大，能汇集的光线越多，物体就越亮。位于后方的镜片被称为“目镜”，用于放大物镜形成的小影像，以便让你的眼睛可以轻易看到。你可以通过更换目镜来改变望远镜的放大倍数。

当你看到“望远镜”三个字时，想到的是什么？你想到的是一个拥有一前一后两块透镜的管子吗？许多人是这样想的。还有一种望远镜叫“反射镜”，它用一块凹透镜（或几面镜子）来聚集光线，用几面更小的镜子来将光线反射到目镜里。

近些年，望远镜大多采用凸透镜来作为物镜和目镜。科学家约翰尼斯·开普勒（Johannes Kepler）完善了这种望远镜，所以它也被称为开普勒望远镜（Keplerian）。伽利略的望远镜则是用一块凸透镜作为物镜，一块凹透镜作为目镜，所以这种望远镜也叫做伽利略望远镜。反射望远镜则用一块凹透镜作为物镜，一块凸透镜作为目镜。将光线汇集到目镜，其实可以通过不同的平面镜和曲面镜的组合来实现。

制作小孔成像仪

你一定要通过一个特制的相机才能看到太阳吗?不!
你相信这件事情简单到用一个大头针就可以完成吗?

实验用时

15分钟

实验材料

→ 1个长纸箱（或将几个纸箱拼起来）；纸箱的宽度和高度并不重要，但是长度至少要1.5米
→ 美工刀（或一把特别坚硬的剪刀）
→ 1片锡箔纸，一边至少15厘米长
→ 大头针
→ 1张白纸
→ 纸胶带
→ 小尺子（可选）

安全提示

— 选择在一个大晴天做这个实验。
— 永远不要直视太阳，也不要通过小孔或者你制作的装置看太阳，那样做会在短时间内损伤你的眼睛，并有可能致盲。
— 刀具很锋利，所以裁剪工作需要由成年人来完成。

图5：将小孔朝向太阳，在“屏幕”上寻找影像。

图6：太阳到这里来了！

实验步骤

第1步： 在纸箱一侧的中心处，量出一个5厘米×5厘米的正方形小洞。小洞不必非得在纸箱底部的正中心，小洞也不一定要是标准的正方形。剪开这个小洞。（图1）

第2步： 小心地把锡箔纸贴在纸箱上盖住小洞，尽量让锡箔纸变得平滑一些。（图2）

图1：在箱子的一侧剪出一个小洞。

图2：用锡箔纸盖住小洞。

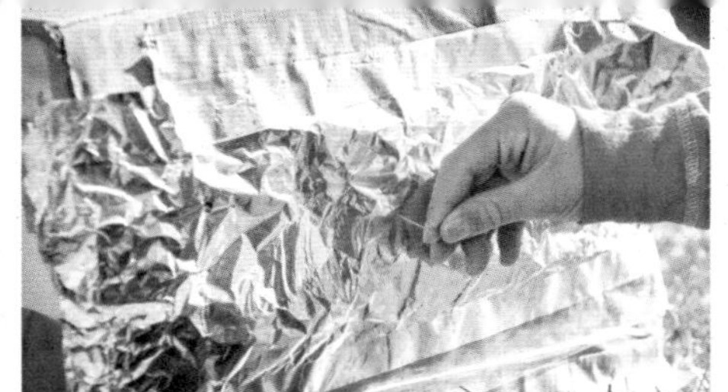
图3：在锡箔纸上扎出一个小孔。

第3步： 用大头针小心地在铝箔上扎出一个小孔，让小孔直径和针头直径一般粗细。（图3）

第4步： 在与小孔相对的纸箱的另一侧，剪开与其相连的纸箱顶，将白纸贴在侧面上，这就是你的“屏幕”，你会在这里看到太阳的影像。（图4）

第5步： 你可以拿一个灯泡在室内尝试使用你的小孔成像仪。点亮灯泡，使房间变暗，将有小孔的一侧朝向灯泡，然后移动纸箱直至在白纸上出现一个小影像。这可能需要一些练习，注意别让你的头挡住光。

第6步： 一旦你已经能够在室内熟练使用小孔成像仪，出门后试着用它得到一个太阳的影像。你可能会发现你需要将盒子靠在某个稳定的物体旁边，一旦你对准了太阳，重复实验就会变得容易了。（图5、6）

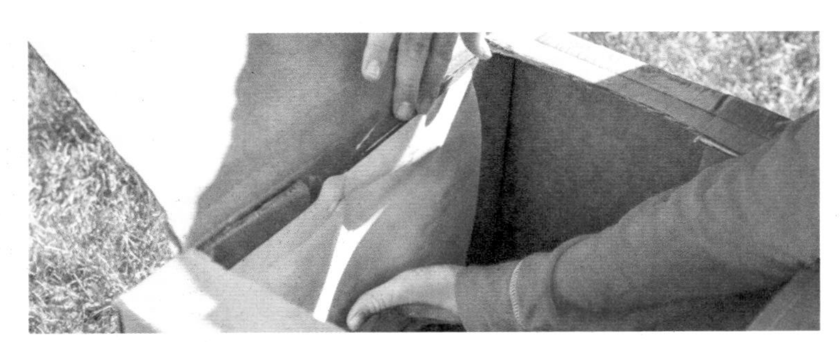
图4：把你的“屏幕”贴在箱子的另一侧。

科学揭秘

当大部分人都在用一块镜片来得到物体的清晰影像时，你可以简单地用一个小孔获得。小孔充当了微型透镜的角色，能让一个很亮的物体的影像在小孔另一边的某个位置清晰地显现出来。

这个实验需要用到的纸箱应该很长，通过小孔呈现的太阳影像直径大概只有纸箱长度的百分之一。这意味着对于1.5米长的纸箱来说，影像直径只有大概1.5厘米。

奇思妙想

在屏幕上看到的灯泡的影像的方向是怎样的？影像是正的吗？

试着用不同大小的小孔来做这个实验。影像的大小和亮度会有什么变化？下一步试着改变使用的纸箱的长度。如果保持纸箱上小孔的大小不变，但加长或者缩短纸箱的长度，实验结果会怎样呢？对于特定长度的纸箱，有没有一个完美的小孔大小呢？

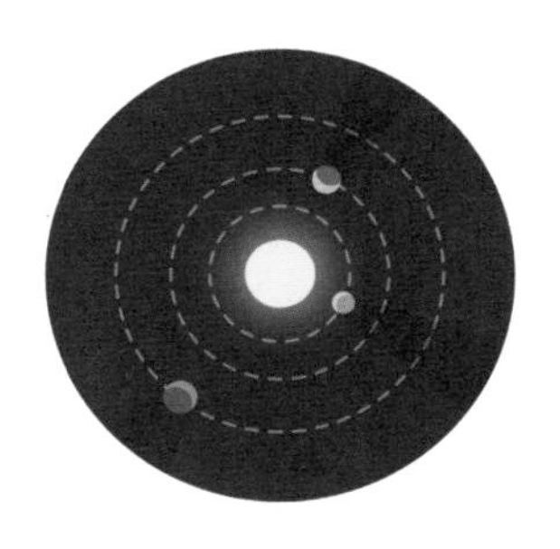

单元 3 尺寸和比例

它有多大？它有多远？这些都是我们问过很多遍的问题。让我们的大脑轻易理解特别大的尺寸和距离是很难的，尤其是对于理解太空里的物体来说。某些又亮又远的物体可能显得又暗又近，又小又近的物体可能显得又大又远。没有用一个合适的比例进行描述的话，一张图里的小星球可能和另一张图里巨大的星系一样大。

为了能够理解又大又远的东西，我们可以把它们与我们日常生活中看到的东西做比较。例如，可以将地球压缩到一个球、弹珠，或一个大头针针尖的大小。

可以将整个银河系压缩到面饼的大小，这样其中的星星的大小和距离瞬间就容易理解了。

在这个单元里，有一系列比较大小和距离的实验，会运用不同的比例和物体。等你做完这一系列实验，再出门向上看时，也许月亮、太阳、行星和其他星星就不会显得那么遥远了。

如果地球是一个2.5厘米大小的弹珠，木星就是一个28厘米大小的球，将近1000个弹珠地球才能跟一个木星差不多大！

图片来源： NASA/JPL—Caltech

实验15 月亮有多远?

实验用时

5分钟

实验材料

→ 1盒橡皮泥（或黏土）
→ 小尺子
→ 长度至少为2米的卷尺

安全提示

— 将1块橡皮泥揉成直径1.5厘米大小的球，这就是月球模型。
— 将一块橡皮泥揉成直径5厘米大小的球，这就是地球模型。
— 这个实验需要两个人去做，但是如果有更多人参与，实验将会更有乐趣。可以召集一些家庭成员来参与。对于加入的成员，可以给他们每人做一个月球模型，这样每人手上都有一个月球。如果参与的人数多于2～3个人，你可能需要2盒以上的橡皮泥。
— 在一个宽敞的房间或户外进行这项实验。

我们每个人都能看见天上的月亮，它看起来离我们很近，但事实真的是这样吗?

实验步骤

第1步： 一手拿着地球模型，展示给其他参与者，说明这就是地球。另一手拿着月球模型，展示给所有人，说明这就是月球。（图1）

第2步： 让所有参与者都有一个月球模型，将地球模型放在一个桌子或椅子上，这样所有人都能看见。

第3步： 请参与者猜测，如果地球和月球缩小到这些尺寸，月球与地球会相距多远。让每一个拿着月球模型的人都站在他们认为距离地球有多远的位置上。（图2）

第4步： 当所有人都站在他们猜测的位置后，测量出与地球模型相距1.5米的位置在哪里。将剩下的月球模型放在这个位置上，看看其他人的猜测跟这个距离相比，差异有多大。

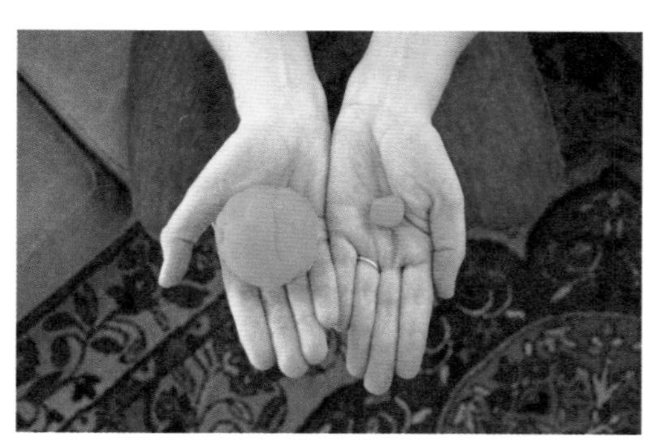

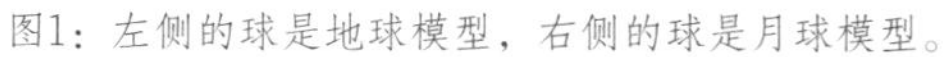

图1：左侧的球是地球模型，右侧的球是月球模型。

图2：猜测一下：地球和月亮在这个尺度上的距离有多远？

奇思妙想

一束光从地球射到月球平均需要1.3秒，需要另外1.3秒再从月球上反射回来。你能找到一个方法，利用你制作的地球、月球距离模型来展示光的速度吗？

如果月球在以每年4厘米的速度远离地球，在你这一生中月球能够远离地球多远？在你某个亲戚一生的时间里月球又能跑多远呢？一百年后月球会离地球多远？一千年，一百万年后呢？

科学揭秘

我们的地球直径有12,800公里，我们的月球直径有3,475公里。换句话说，地球的直径大概是月球的3.5倍多一点。月球环绕地球的轨道不是一个完美的圆，平均来说，地球和月球之间的距离是384,000公里。

那么，你要怎么测量地球和月球之间的距离呢？用一把非常长的卷尺？事实上，我们可以利用一种特殊的“卷尺”，那就是光速。阿波罗探月计划的三名宇航员在月球上留下了一系列特殊的镜子。这些镜子都是后向反射镜，它们将地球上射过来的光反射回这些光的光源位置。由一个望远镜将激光发射到反射镜上，然后再反射回望远镜的一个接收器上。由于我们知道光速，我们就可以通过计算光到达月球和返回的时间来求出地球和月球之间的距离。

那么，我们为什么要测量地球和月球之间的距离呢？这不是不变的吗？不！激光测量告诉我们，月球在以每年4厘米的速度远离我们，这跟你手指甲生长的速度差不多。

尽管如此也不用过于担心，月球是不会突然飞走的，它还将在非常长的一段时间里一直陪着我们。

实验16 月亮怎么能挡住太阳？

我们的月亮比太阳小那么多，却能挡住太阳，这是为什么呢？

图1：将你的小孔成像装置对准太阳。

实验用时

晴朗的白天的10分钟，满月的夜晚的10分钟

实验材料

→ 实验14中做的小孔成像装置（见第44页）
→ 卷尺（至少比小孔成像装置要长）
→ 铅笔
→ 直尺
→ 实验日志
→ 计算器

安全提示

— 你需要一个能看见满月的晚上，月亮升得越高，它在小孔成像装置里就越亮。
— 永远不要直视太阳，也不要通过你的小孔成像装置直视太阳。那样做会很快地损伤你的眼睛。
— 这个实验需要你将屏幕从装置里移走两次，因此在粘贴屏幕的时候不要贴得那么牢固。

实验步骤

第1步： 在户外用小孔成像装置得到一个太阳的影像。你可能需要将你的装置靠在某个稳定的物体旁边。（图1）

第2步： 当一个人稳定住装置时，另一个人用笔将屏幕上的影像描出来。如果你能将太阳的圆形完整地描下来，这对你接下来的测量会更有利，但是如果你无法做到，就尽可能多地画出太阳影像的边缘，然后把装置里的屏幕移除并在这上面写上文字“太阳”作为标记，注意不要把纸撕了，留着后面使用。（图2）

第3步： 在晚上重复第1步和第2步，描出一个月球的影像，再将屏幕从装置中移除并在上面写上文字“月亮”。

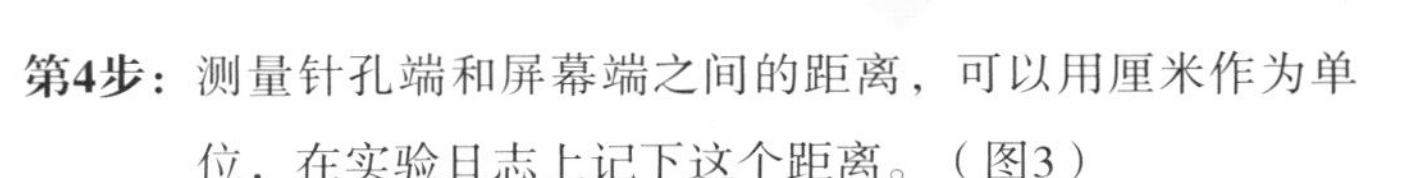

第4步： 测量针孔端和屏幕端之间的距离，可以用厘米作为单位，在实验日志上记下这个距离。（图3）

第5步： 测量描下的太阳影像和月球影像的直径，将这些直径写在实验日志上。确保使用的是与测量小孔成像装置时长度相同的单位（厘米）。（图4）

第6步： 拿起计算器、笔和你的测量结果。首先，用描下的太阳影像的直径除以针孔到屏幕的距离（注意使用相同的单位！），记下这个数字。将这个结果乘以地球和太阳之间的距离（大约是149,600,000公里），记下你的结果。

第7步： 将描下的月球影像的直径除以针孔到屏幕的距离，记下这个数字。将这个结果乘以地球和月球之间的距离（大约是384,000公里），记下你的结果。将此结果与太阳影像的计算结果进行比较，差异如何？

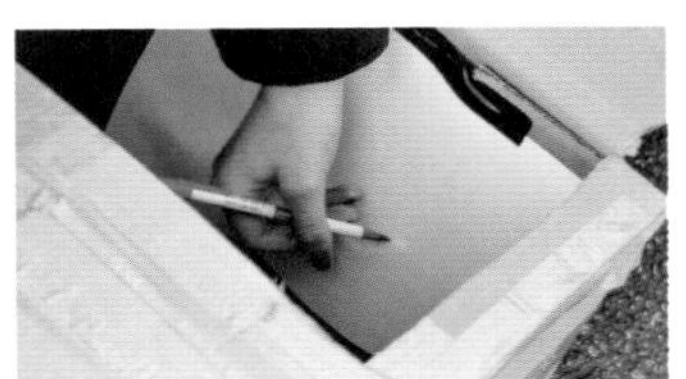

图2：在装置里的屏幕上描下太阳的影像。

图3：测量装置的长度。

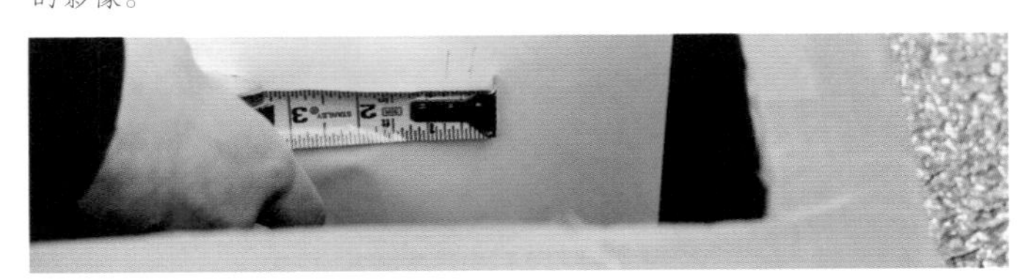

图4：测量描下的影像的大小。

科学揭秘

你计算出的2个数字应该是相当接近的。这是为什么呢？月球直径只有3,475公里，而太阳直径约为139万公里。太阳比月亮大得多，这是怎么一回事呢？

如实验8（见第30页）所演示的，月球可以在日全食中完全覆盖太阳。如果比较太阳和月球的直径，会发现太阳比月球大400倍，但是如果比较月球、太阳与地球的距离，会发现太阳离地球的距离大约是月亮的400倍，这就是背后的原理。

正如你在实验15（见第48页）中了解到的，月球每年以4厘米的速度慢慢离开地球。在未来的某个时候，月球将会离地球非常之远，导致在日食期间都不能完全遮住太阳。未来会这样吗？别担心，不会那么快的，还有大约6亿年的时间吧！

奇思妙想

找出下一次日（月）全（偏）食在你所在的地区发生的时间。计划一次家庭旅行去观察吧！一定要记录下你的这次经历！

硬币和星球

实验用时

30分钟

实验材料

→ 记号笔
→ 11个干净的空易拉罐
→ 纸胶带
→ 若干硬币
→ 1个同样大小、没开封过的易拉罐

安全提示

— 本实验是关于比较的，将地球上一个物体的重量与其他星球上同样物体的重量进行比较。为了得到正确的比较结果，你需要使用相同的物体，在这个实验中，用的是硬币和易拉罐。

— 在将硬币放入易拉罐和将硬币拿出易拉罐时要小心，易拉罐的边缘很锋利！

（下转第54页）

闲置的硬币也有大用途，你可以用它来研究引力！

实验步骤

第1步：使用记号笔在完整、未打开的易拉罐底部写下文字“地球”作为标记。然后，在每个空罐的底部写下行星、月亮或矮行星的名称：水星、金星、月亮、火星、谷神星、木星、艾奥星、土星、天王星、海王星、冥王星。（图1）

第2步：用以下数量的硬币填满对应标签的罐头。（图2）

水星：53个硬币	艾奥星（木星卫星之一）：25个硬币
金星：127个硬币	土星：151个硬币
月球：23个硬币	天王星：127个硬币
火星：53个硬币	海王星：167个硬币
谷神星： 4个硬币	冥王星：10个硬币
木星：354个硬币	

（下接第54页）

图1：在每一个易拉罐的底部做好标记。

图2：将硬币放进易拉罐。

科学揭秘

人们经常认为地球是唯一有重力的地方。这是错误的。月球有重力，火星有重力，木星有重力……空间中的每一个物体都有重力！在地球上，我们习惯于地球的重力。捡起一个物体时，你正在使用与地球重力相反的力量来做功。

如果去另一个星球，你的体重会改变吗？物体的重量与物体的质量（物质的数量）以及物体感觉到的重力有关。如果重力上升，物体的重量会增加。如果重力下降，物体的重量会减少。然而，物体中的物质的量——质量，仍保持不变。

如果你去过另一个星球，你身上的物质还是完全一样的，但你感受到的重力可能会有所不同。所以，虽然你的质量是不变的，你的体重可能会改变。地球上的满的、未开封的汽水罐将在另一个星球上具有完全相同量的汽水和相同的质量，但是罐子的重量可能会变大或者变小，这取决于你去了哪里。

硬币和星球（续）

安全提示

（上接第52页）

— 当你把硬币放入易拉罐后，将易拉罐口用纸胶带封起来，这样硬币就不会轻易从易拉罐中跑出来了。

— 一罐液体的精确重量取决于罐中液体的类型和罐子使用的金属的类型。在这个实验里，我们假设一罐汽水的重量为340克。

提示：这个实验的原始构思发表在《仰望天空》(*Look to the Sky*)一书中，由Jerry DeBruin和Don Murad提供（Good Apple，1988）。

第3步： 挑战一下朋友和家人，请他们猜一猜哪个易拉罐对应哪个星球。可以用未开封的“地球”来协助他们的猜测。当所有人猜测后，转动罐子显示底部的标记。你可以按任意顺序提出挑战。（图3）

重力最强的星球	最重的易拉罐	木星
2颗岩态行星，重力大约是地球的三分之一	重量大约是代表地球的易拉罐的三分之一的2个易拉罐	水星，火星
2颗重力只比地球稍微小一点的星球	比代表地球的易拉罐重量稍微小一点的2个易拉罐	金星，天王星
2颗巨行星	比代表地球的易拉罐重量稍微大一点的2个易拉罐	土星，海王星
2颗卫星	只有代表地球的易拉罐重量的约六分之一的2个易拉罐	月球，艾奥星
2颗矮行星	重量最小的2个易拉罐	谷神星，冥王星

图3：举起每个易拉罐，与代表地球的易拉罐作比较。

奇思妙想

如果你把重340克的汽水罐拿到太阳上，它的重量会增加27倍，约为9千克。你能找到一些家里有的重量为9千克的物体来代表一罐汽水在太阳上的重量吗？

去往岩态行星

实验用时

30分钟

实验材料

- 20 ~ 25张白纸
- 记号笔
- 纸胶带
- 至少1米长的卷尺
- 比46厘米长一点的细绳
- 剪刀
- 装橡皮泥（或黏土）的容器
- 最小分度为毫米的刻度尺

安全提示

— 将白纸沿边缘粘贴在一起，组合成边长至少为92厘米的正方形。

— 将细绳的一端粘在记号笔上。确保细绳另一端与记号笔之间的距离为46厘米，再将细绳的这端粘贴到正方形白纸的中央。

（下转第58页）

不用宇宙飞船就可以到达另一个星球，你只需要一双鞋！

实验步骤

第1步：将“太阳”放在公共场所（或人行道）的一头。（图1）

第2步：在正确的距离比例上，从“太阳”开始移动以下步数（请记住：步幅保持在60厘米），确定各“星球”所在位置。到达每个星球所在的位置时，将做了标记的对应模型留在那里，然后移到下一个位置。（图2）

模　　型	步　　数
水星	从“太阳”算起走62步
金星	从“水星”算起走54步
地球	从“金星”算起走45步
火星	从“地球”算起走84步

第3步：当你到达“火星”时，回头看一下走过的距离。长度惊人，对吧？（图3）

图1：这张圆形的白纸代表太阳。

图2：在“星球”和“星球”之前数着步数移动。

实验18 去往岩态行星（续）

安全提示

（上接第56页）

- 以被粘住的细绳一端为圆心，用铅笔在正方形白纸上画出直径为92厘米的圆，剪下圆，用来代表比例模型中的太阳。
- 用橡皮泥制作岩态行星的模型。使用刻度尺来测量黏土球的直径：水星（3毫米），金星（8毫米），地球（稍大于8毫米），火星（略超过4毫米）。你可能需要在每个橡皮泥模型上做标记，以免丢失。
- 要按照正确的比例做这个实验，你将需要长153米的公共场所或人行道。当你从"太阳"向"行星"行走时，试着将步幅保持在60厘米。（你也许需要用到尺子或卷尺来帮助练习，以便使你在走向模型时拥有正确的步幅。）

图3：哇，"行星"之间都离得很远。

奇思妙想

制作一个比例模型，显示行星的尺寸、距离和位置，要全部按比例来制作。先了解行星的实际位置应该在哪里，再将你的行走距离和行星模型匹配到相应位置。你还可以尝试寻找今天的行星位置，甚至你生日那天的行星位置！

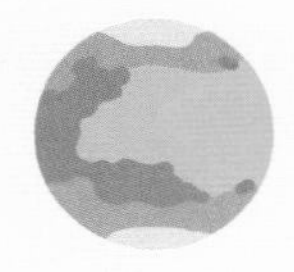

科学揭秘

你可以看一张包含太阳系所有行星的图片。很多时候，图片中的行星会被缩放，它们的大小是成比例的，但是它们之间的距离是不正确的。或者，如果你以一定的距离看行星的图片，行星会变得如此之小，如斑点大小或更小！要同时正确地显示行星的大小和它们之间的距离是不容易的，这就是做这个步行比例模型实验的原因。在这个模型中，你可以看到行星和其他天体的大小并用比例显示它们之间的距离。现在你看到了这个模型，是不是更容易理解航天器从一个行星飞到另一个行星为什么需要几个月的时间了呢？

还有一个问题，步行比例模型中的“行星”总是在一条直线上。现实中，行星以不同的速度围绕太阳运转，它们几乎总是不在一条线上。你可以制作一个比例模型，让行星位于其正确的位置，并按比例缩放，获得正确的尺寸和相距的距离。为此，你需要知道行星在特定日期的位置。要查找行星所在的位置，请使用网站http://fourmilab.ch/cgi-bin/Solar/，并选择以下选项来进行查询：

Time（时间）：Now（现在）

Show（显示）：Images（图像）

Display（展示）：Inner System（内部系统）

Size（尺寸）：900

Orbits（轨道）：Real（真实）

选择并输入这些详细信息后，点击Update（更新）。

去往太阳系边缘

实验用时

30分钟

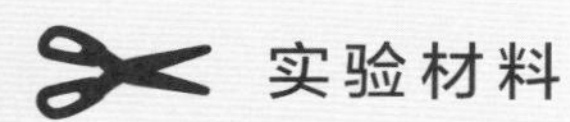

实验材料

→ 12个标记：太阳、水星、金星、地球、火星、木星、土星、天王星、海王星、冥王星、阋神星和太阳系边缘

→ 2个小行星带的标记

→ 卷尺

安全提示

— 要做这个规模的实验，你需要长达76米的开放场地或人行道。当你从“太阳”向每个“行星”移动正确的步数时，尽量让你的步幅保持在60厘米。

太阳系的边缘有多远?很远，真的很远!

实验步骤

第1步： 将“太阳”放在人行道（或其他场地）的一头。（图1）

第2步： 使用卷尺将代表水星、金星、地球和火星的标记放在离“太阳”正确距离的位置上。“水星”应该距离“太阳”25厘米，“金星”应距离“太阳”50厘米，“地球”距离“太阳”68厘米，“火星”距离“太阳”103厘米。（图2）

第3步： 按下表步数确定其他模型的位置。（图3）

模　型	步　数
小行星带	一个标记距离“火星”半步，另一个标记距离“火星”2步
木星	距离“火星”4步
土星	距离“木星”4步
天王星	距离“土星”10步
海王星	距离“天王星”11步
冥王星（矮行星）	距离“海王星”9步
阋神星（矮行星）	距离“冥王星”28步
太阳系边缘	距离“阋神星”58步

图3：以步数计算从一个“星球”到另一个“星球”的距离。

图1：首先，将“太阳”放在地上。

图2：测量“太阳”到最开始4个“行星”的距离。

奇思妙想

“旅行者”1号航天器靠近太阳系的边缘。“旅行者”1号和“旅行者”2号都携带着记录了专门的图片、声音和信息的金色唱片，如果有外星文明找到航天器，可以借此了解发射它们的人。

如果想让外星人了解你、你的家人和地球，你会把什么放在金色唱片上？设计你自己的唱片并展示出来吧！

科学揭秘

本实验中的模型比实验18（见第56页）中创建的模型要小。如果我们没有缩小模型的比例，而是使用相同比例的话，那么这个模型会非常巨大。虽然你可以在实验18中使用的模型的基础上制作这个模型，但想要表示从太阳到太阳系边缘的正确距离，你需要走18,000步，超过整整10公里！

太阳与地球之间的距离有着另一个名字——一个“天文单位”。因为太阳系中物体之间的距离如此之大，所以表示距离的数字会变得很大。通过使用“天文单位”表示距离，能让我们不用写这么多的零！

你能在这个实验里体现光束吗？在这个实验中，一束光将需要八分多的时间从“太阳”照射到“地球”，所以你需要走大约8分钟。你的光束需要多长时间才能到达这个模型中的其他位置？提示：将每步乘以8.3分钟。“旅行者”1号航天器位于太阳系的边缘，它向我们发射的信号到达地球需要多长时间？

去往另一个太阳系

实验用时

5分钟

实验材料

- → 实验18中使用的行星模型、标记和代表太阳的大圆纸
- → 1盒额外的橡皮泥（或黏土）
- → 1张白色复印纸
- → 胶带
- → 记号笔
- → 最小分度为毫米的刻度尺

安全提示

— 在模型间移动时，保持步幅为60厘米。

— 制作5个以下尺寸的橡皮泥球，并做上标记：

- ·10毫米，标记为“开普勒-62b”
- ·5毫米，标记为“开普勒-62c”
- ·16毫米，标记为“开普勒-62d”
- ·13毫米，标记为“开普勒-62e”
- ·11毫米，标记为“开普勒-62f”

如果你认为我们仅仅制作太阳系规模的模型，再来大吃一惊吧！

实验步骤

第1步： 将“太阳”放在公共场地（或人行道）的一头。以与实验18（见第56中相同的距离设置“水星”、“金星”、“地球”和“火星”。（图1）

第2步： 设置另一个行星系统，与太阳系系统的规模进行比较。用“太阳”代表“开普勒62恒星”。从“太阳”开始向“开普勒62行星”走以下数量的步数，在每个位置放置相应的模型。（图2）

第3步： 你对开普勒-62行星系统有什么看法？它与我们的太阳系相比如何？（图3）

模　型	步　数
开普勒-62b	从“太阳”开始走9步
开普勒-62c	从“开普勒-62b”开始走6步
开普勒-62d	从“开普勒-62c”开始走4步
开普勒-62e	从“开普勒-62d”开始走49步
开普勒-62f	从“开普勒-62e”开始走47步

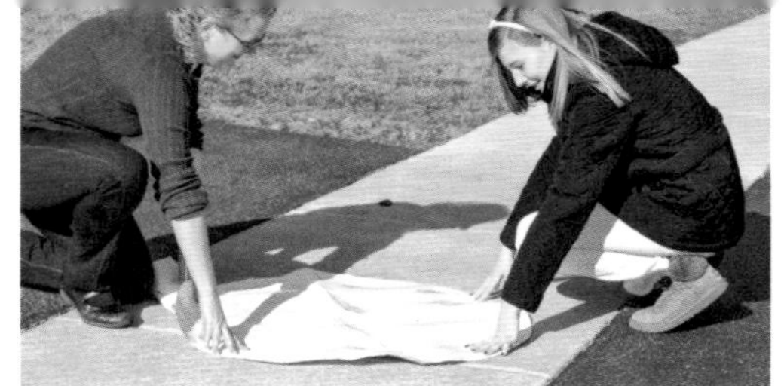

图1：设置好太阳系系统。

图3：你可以同时研究两个系统。

奇思妙想

你可以想象一下一个星球在另一颗恒星附近。这是一个岩石世界吗？水世界？一个冰冷的世界？这是一个热的星球吗？或者也许是一个寒冷的星球？想想你的星球是什么样的。然后，想象一种可以在你的星球上生活的生命形式。画出它的样子，不要忘了画你的星球！

图2：设置好开普勒62行星系统。

科学揭秘

在1995年之前，我们认为绕着恒星运动的行星只有太阳周围的那些。1995年10月，科学家宣布发现第一颗绕着另一颗恒星转动的行星。绕着其他恒星旋转的行星被称为“系外行星”。许多望远镜已被用于发现系外行星，事实上，现在已经发现了几千颗系外行星！大多数行星因“开普勒”（Kepler）航天器而被发现。

“开普勒”航天器盯着天空的同一部分已经四年多了，可同时观察十多万颗星球。科学家寻找行星依靠的是：当一颗行星经过恒星前方，那颗恒星的光会减弱一些。当一颗行星经过恒星前方，它叫什么？我们在实验8中了解过，这叫凌日！

我们对其他太阳系了解了些什么？它们都不一样！有的有很多行星，有的只有一两个行星。有些行星比木星大，有的比地球小。一些行星在以与地球绕太阳相同的速度绕行恒星，但是一些行星的公转速度非常快，这些行星上的一年只等于几个地球日！

去往仙女座大星系

你以为我们的模型只能做到太阳系的规模？才不是！

实验用时

10分钟

实验材料

→ 2块饼干，每增加一个实验参与者，额外添加一块同类饼干

→ 至少1.2米长的卷尺

→ 计算器

安全提示

— 这个实验只需要两个人就可以完成，但如果有更多人参与会更加有趣。把家人和朋友集合起来，给参与的每个人一块饼干。

— 在开阔的房间里进行实验。

实验步骤

第1步：一只手拿住一块饼干，展示给其他的实验参与者，假定这是银河系的模型。用另一只手抓住另一块饼干，展示给所有人，假定这是仙女座大星系的模型。（图1）

第2步：给其他参与者每人一块饼干。把代表银河系的饼干放在桌子或椅子上，以便所有人都能看到。

第3步：假定银河系与仙女座大星系都被压缩到饼干大小，邀请参与者竞猜它们之间的距离。在这个比例下，让每一个竞猜者拿着饼干模型，以他们所认为的银河系到仙女座大星系的远近为距离，站在代表银河系的饼干周围。（图2）

第4步：当所有人都完成了竞猜，测量饼干的直径，因为这个比例模型的大小取决于你所选取的饼干的大小。利用计算器，用饼干的直径乘以25厘米作为单位。例如，一块2.5厘米宽的代表仙女座大星系的饼干应该被放到距离代表银河系的饼干63厘米远的位置上。将代表仙女座大星系的饼干放在正确的位置上，看看每个人的猜测与真实的尺寸相比差异如何。

图1：银河系和仙女座大星系缩小成了饼干大小！

奇思妙想

哈勃空间望远镜拍摄了许多不同星系的照片。你能够在哈勃望远镜官网的图库里看到这些照片：http://hubblesite.org/images/gallery。观察这些不同形状的星系后，你将怎样为它们分类？如果可以，打印图片后裁剪下来。如果不能打印图片，用蜡笔或彩色铅笔画出那些你最喜欢的图片的草图。选择一种方式展示你所整理的星系，还可以邀请家人一起来整理星系！

图2：仙女座大星系距离银河系有多远呢？猜猜看！

科学揭秘

在之前的实验中，我们探索了太阳、月亮、行星和太阳系。然而什么是星系呢？星系是由引力束缚起来的恒星、恒星系以及一些其他东西的巨大集合。有的星系仅仅包含几十万颗恒星，而有些则包含超过亿万颗恒星。银河系包含两千亿颗恒星。

星系具有不同的形态。一些星系，如我们的银河系，是漩涡状的。另外一些叫作“椭圆”星系，形状像一个皮球。还有一些叫作“不规则星系”，它们没有规则的形态。

你是否惊讶于这个比例模型的大小？它是否比你所想象的要小？我们常常会认为星系之间的距离是巨大的，然而，虽然它们间的距离的确很大，但是相比于星系自身的尺寸，它们之间的距离出人意料地小。

银河系到仙女座大星系有多远呢?天文学家们计算出的距离约为2,500,000光年。什么是光年？一束光在一秒钟传播约300,000公里，这个距离叫做“一光秒”。光一年传播接近10万亿公里的距离，这个距离叫做“一光年”。

银河系从一端到另一端的距离约为100,000光年。这是多少公里呢？接近1,000,000,000,000,000,000公里！

银河系和仙女座大星系之间的距离是多少呢？约为250,000,000,000,000,000,000公里！这下你明白为什么天文学家要使用光年表示距离了吧！

一切都在远离

当我们向宇宙中的遥远星系望去，它们看起来正在离我们远去。这是一种什么现象？

实验用时

10分钟

实验材料

→ 1个周长为30厘米的气球
→ 水彩笔
→ 1根约30厘米长的绳子
→ 尺子
→ 夹子
→ 实验日志
→ 铅笔

安全提示

— 向气球中吹四口气，折叠或拧住气球口，用夹子封口，确保不会漏气。可以多次尝试直到气球不漏气。
— 用水彩笔在气球上任意处画一个小点，写上“银河系”，以便之后能够辨认出。这将代表我们所在的星系——银河系。
— 在代表银河系的点的周围几厘米的范围内再画9个其他的点。

（下转第68页）

实验步骤

第1步： 将绳子的一头固定在气球上代表银河系的点上，拉长绳子到标记为“1”的点。在此过程中要小心不要将气球压变形，轻轻地将绳子从代表银河系的点拉到“1”点。也同样小心不要让绳子滑落，在“1”点处捏住绳子。（图1）

第2步： 抓住绳子不要放手，将绳子贴近尺子。尽可能准确地量出这段被你抓住的绳子的长度。（图2）

第3步： 在实验日志上记录下“1”点到“银河系”点的距离。如果你的实验日志上画有格子，你可以记录在“第一次测量”那一列。（图3）

第4步： 对其他8个点重复上述过程，量出这些点到“银河系”点的距离并且在实验日志上“第一次测量”那一列记录下这些长度。

第5步： 小心地打开气球上的夹子，注意不要让气球漏气。如果气球漏气，你将不得不重新进行所有的测量。再向气球中吹三到四口气，注意不要将气球吹爆，然后扭紧并再次将气球封口。（图4）

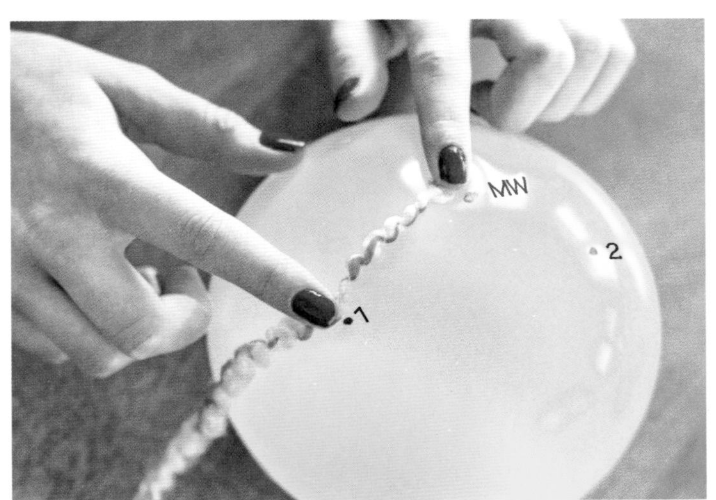

图1：将绳子从“银河系”点拉到“1”点。

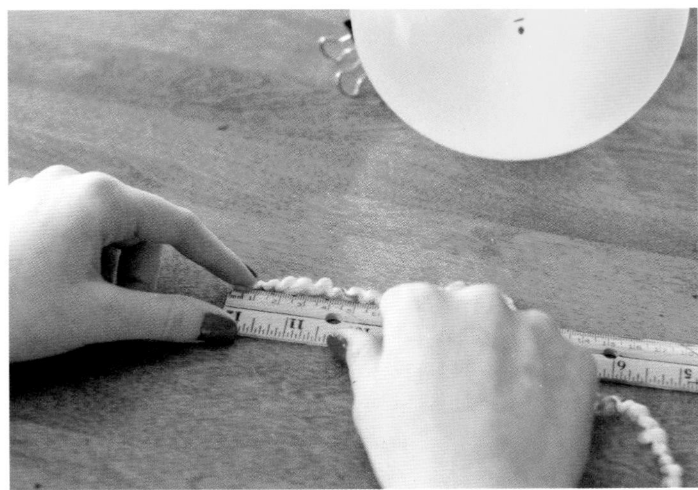

图2：测量两点之间绳子的长度。

图3：在实验日志上写下测量结果。

图4：将气球吹大。

实验22 一切都在远离（续）

安全提示

（上接第66页）

— 最好让这些点不规则地分布，并确保它们之间都有几厘米的间隔，而不要把它们都画在一起。再把这些点从“1”到“9”标上数字。当你做完这些，将会得到一个代表银河系的点和九个被标上数字的点。

— 在这个实验中有一个记录科学数据的方法：在实验日志上画10行3列的表格。在第一行，分别写下“第几个点”、“第一次测量”和“第二次测量”。在第一列，即“第几个点”的那一列中的第一个空格里写上“1”，第二格里写上“2”，以此类推，直到填满空格写到“9”。不过，如果你找到了记录数据更好的办法，就用更好的那个办法吧！

第6步： 重复之前的过程，再次测量“银河系”点到其他点的距离。将得到的数据记录在“第二次测量”那一列。（图5）

第7步： 观察你的数据。从两次对银河系点到其他点的距离的测量中，你发现了什么变化吗？

奇思妙想

从头开始重复一次这个实验，不过这一次以“1”点为原点开始测量。先向气球中吹四口气，测量“银河系”点到“1”点的距离，接下来是“2”点到“1”点的距离，以此类推测量完其他的点。再向气球中吹二到四口气，再一次重复测量。你发现了什么？你依然不能确定吗？那么再做一次，这次只用2个点或者5个点，你看到了什么？

图5：再做一次测量。

科学揭秘

几个世纪之前，人们认为地球是宇宙的中心。他们这样想是有一定原因的，如果到户外去，你并不会注意到地球在旋转。看上去好像是其他东西在围绕着地球旋转，难道不是这样吗？直到波兰天文学家尼古拉·哥白尼（Nicolaus Copernicus）利用数学指出地球不是宇宙的中心，我们才知道行星是围绕着太阳在旋转。之后，伽俐略又使用望远镜观测得到了支持哥白尼观点的证据。在此后的三百年里，望远镜的性能越来越好，天文学家们得以研究银河系中大量的恒星。直到20世纪20年代，天文学家们还认为银河系包含了宇宙中所有的恒星。

1925年，天文学家埃德温·哈勃（Edwèn Hubble）发现一些"星云"可能是遥远的星系。又有天文学家证实了那些遥远的星系正在远离我们的银河系！然而这就意味着我们的银河系是宇宙的中心吗？当然不是！令人感到惊奇的是，无论你在哪个星系上，遥远的星系看起来都像在远离你，因为宇宙本身正在膨胀。这是不是很难理解？用"奇思妙想"中的实验验证你的想法吧！

单元 4 光，运动，引力

人类去过太阳系的哪些地方？目前为止，只有两处——地球和月球。人类向太阳系中哪些地方发射过飞船？我们向太阳系中所有的行星和许多它们的卫星都发射过无人驾驶的飞船，还包括矮行星中的冥王星和谷神星以及一些彗星和小行星。

越接近一个东西，你就越容易了解它。如果我们的飞船到达一颗行星，比如火星，我们就能够看到它表面的细节并研究它的大气。我们能够看到火星在几天、几个月甚至几年内的变化，我们能够了解很多。

我们发射的空间探测器，最远的已经飞出了太阳系，然而就我们银河系的大小而言，这个距离仅仅是小小地跳了一步而已。银河系里各天体间的距离是巨大的，星系间的距离更大！

所以，对于我们无法发射一架飞船到达的地方，又该如何了解那里的事物呢？我们可以通过光线、运动和引力了解宇宙中的一切。光线带来的信息告诉我们那里有什么以及那里正发生着什么。我们能够看见的运动着的物体可以告诉我们看不见的物体的信息。引力则把宇宙中的物体束缚在了一起。这些都是我们了解不可及之处的工具！

我们如何知道被称为“原始星云”的气体云的组成成分呢？通过它发出的不同光线！

图片来源： NASA，ESA，M. Robberto (Space Telescope Science Institute/ESA)，and the Hubble Space Telescope Orion Treasury Project Team

实验23 光线的颜色

实验用时

15分钟

实验材料

- → 1张结实的光盘，如音乐CD
- → 1张白纸（可选）
- → 照相机（或彩色铅笔、彩色蜡笔）
- → 实验日志
- → 铅笔
- → 1个透明玻璃杯
- → 水

安全提示

- — 绝对不要直视太阳，也绝对不要让太阳光反射进自己或他人的眼睛。这样做可能在短时间内让人视力受损甚至失明。
- — 最好在晴朗的一天进行这个实验。

这个实验里有两种不同的方法看到光线中的颜色，都尝试一下吧！

实验步骤

第1步： 从包装袋中取出CD。

第2步： 找到一块阳光可以穿透的窗户。将CD放在一束阳光下，调整CD角度直到你可以在附近的墙面或地板上看到颜色。如果墙面和地板是黑色的，用一张白纸当投影屏。（图1）

第3步： 记录下你所看到的，给这些颜色拍照，将照片贴在你的实验日志上。如果你没有照相机，可以用彩色铅笔或蜡笔在白纸上画下这些颜色（画画时，你可能需要另一个人帮你固定住CD）。（图2）

第4步： 接下来，在透明的玻璃杯里装满水，把它拿到阳光能穿透的窗户边。调整杯子的角度（小心，不要将水洒出！）直到在墙面或地板上看到颜色。用与上一步中相同的方法记录下你看到的颜色。（图3）

图1：用CD反射阳光。

图2：记录下你看到的颜色。

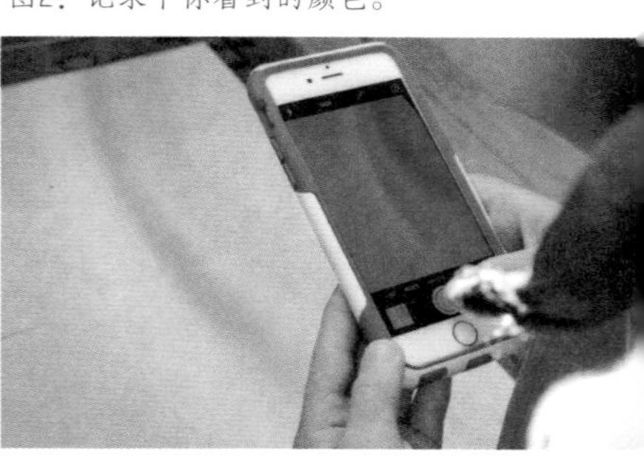

奇思妙想

得到光谱的方法有很多，可以尝试一下哪种棱镜和光源的组合效果最好。试试用不同形状的玻璃杯或者用透明的塑料代替玻璃，或者用不同颜色的玻璃，看看会有什么不同的效果。可以试着向学校科学实验室借用一下玻璃棱镜。还可以试用不同的光源，比如手电筒、节能灯、蜡烛、白炽灯泡或家中有的其他光源。试一下在黑屋子中是否能够更容易地看到颜色。可以关上窗帘让透过的光束变细。不同光源所产生的的光线颜色一样吗？是否有一些颜色的光比其他颜色的光更亮？

使用蜡烛和火的时候要格外小心！需要有成年人从旁协助。

图3：在阳光下放一杯水。

科学揭秘

你注意过暴雨后出现在天空中的彩虹，或者天气晴朗时透过花园里浇水软管喷出的水雾看到的小型彩虹吗？这些彩虹是哪里来的呢？太阳是这些光线的源头。但是，又是什么形成了彩虹呢？

太阳发出的光看起来都一样。我们把太阳发出的光叫“白光”。太阳发出的白光实际上是由许多不同颜色的光组成的。你用来盛水的玻璃杯或CD光盘可以将白光分解成这些颜色。你看到的这些排列起来的颜色叫作“光谱”。水和玻璃会产生“折射”，或者说能让白光发生弯曲。由于不同的颜色具有不同的弯曲角度，因此不同颜色的光分散后就形成了彩虹。“棱镜”就是这样一种分散光线的工具。空气中小水珠的作用类似于棱镜，它将光分散，使我们看到的彩虹形成。CD光盘能够分解光线，也是因为它表面上有上千条刻线，相当于一个个小的棱镜。

你可以分辨出许多不同的颜色。彩虹的颜色通常被认为有红、橙、黄、绿、蓝、靛、紫，但实际上，我们能看见的所有颜色都在光谱中，不仅仅是这些颜色。彩虹并不像一些人画的那样，有鲜明的颜色边界。科学家艾萨克·牛顿（Isaac Newton）爵士在1660年代到1670年代期间，第一次指出了棱镜和彩虹背后的原理。

实验24 天空为什么是蓝的？

实验用时

10分钟

实验材料

→ 1个透明水杯（或玻璃碗）
→ 水
→ 牛奶
→ 勺子
→ 滴管（可选）
→ 强光手电

安全提示

— 白色的LED手电或者手机上的手电筒非常适合这个实验。
— 可以使房间里尽可能黑暗一些，这将有助于在水杯中看到蓝光。

这是每个人都问过的问题，让我们一起寻找答案！

图1： 将牛奶加入水中。

实验步骤

第1步： 在杯子（或碗）中加满水。

第2步： 在水中加几滴牛奶，然后用勺子搅拌。可以利用滴管完成这一步，如果没有滴管，就小心地倒几滴牛奶到水里。不要直接从包装盒中倒出牛奶，那这样很容易倒多。最好先将一些牛奶倒在碗里，用勺子舀几滴，然后再倒入水中。（图1）

第3步： 用手电筒向水中照亮。你看到了什么颜色？颜色应当很亮。（图2）

图2：把水照亮。

科学揭秘

地球的大气由好几种气体组成。绝大多数是氮气，约占78%，氧气约有21%，还有一部分氩气，一小部分水蒸气，以及另外一些极微量的气体，如二氧化碳等。虽然我们的眼睛无法看见单个的气体分子或原子，但吹风时我们能够感受到它们。大气的组成成分随着季节、海拔和天气的不同而改变，比如火山喷发就会影响大气的组成成分，但我们测量时通常会保持稳定的组成成分。

正如我们在实验23（见第72页）中学到的，太阳光由许多不同颜色的光组成，用棱镜分解太阳光时就会看到这些色光。当白光照向一个分子时，大部分颜色——例如红、橙、黄色的光能够绕过分子，传播到你的眼中。然而，蓝色的光会被大气散射，天是蓝色的正是因为我们看到了散射的蓝光。在这个实验中，水中的牛奶微粒就如同大气中的微粒，这些牛奶微粒将手电筒射出的白光中的蓝光进行散射。你可以尝试改变水中牛奶的比例和手电筒的类型，直到看到最清晰的蓝光。

还记得实验6吗？（见第24页）我们学习了为什么太阳呈现出黄色——因为阳光中的蓝光被散射了，这使得我们的太阳看上去比实际上的更黄。现在你知道为什么光线会被散射了吧！

奇思妙想

我们的天空总是同一种蓝色吗？你需要购买一些不同颜色的蓝色色卡，最好是不同的制造厂商生产的，这样可以拥有更多的颜色。可以为色卡做一个文件夹，一天天、一周周地记录观察到的天空的蓝色。如果去其他城市或国家，带上你的色卡，看看那里天空的蓝色是什么样的吧。可以追踪记录温度和湿度等天气条件，看看是否能发现大气中发生的事情与天空颜色的关系。如果你认识住在其他地方的人，可以在某天相同的时间一起做这个实验，看看你们是否看到了同样的蓝色。

混合光影去制造颜色

实验用时

10分钟

实验材料

→ 带边的托盘
→ 蜡纸
→ 红、绿、蓝、黄色的食用色素
→ 1把叉子
→ 一些牙签
→ 3个大号透明玻璃水杯
→ 水
→ 勺子
→ 3支强光手电筒
→ 实验日志
→ 铅笔

安全提示

— 使用的三支强光手电筒最好有相同的亮度。如果你的手电筒不能聚焦，尝试在手电筒的前端包上一圈几厘米宽的锡箔纸。

（下转第78页）

红、蓝、黄是三原色，那么最初的光是什么颜色的呢？

实验步骤

第1步： 将三滴红色颜料滴入托盘，相互间隔数厘米。将一滴绿色颜料滴入红色颜料中，将一滴蓝色颜料滴入第二滴红色颜料中，将一滴黄色颜料滴入第三滴红色颜料中。

接下来，向托盘里滴入两滴绿色颜料。将一滴蓝色颜料滴入第一滴绿色颜料中，将一滴黄色颜料滴入第二滴绿色颜料中。

然后，向托盘中滴入一滴蓝色颜料，再向蓝色颜料中滴入一滴黄色颜料。

最后，将红、绿、蓝各一滴的颜料滴在一起。用叉子（或牙签）混合每一滴颜料（搅拌不同的颜料之前记得先擦洗工具）。不要忘记去记录每一种组合的配方。你看到了什么颜色？如果你的颜料很浓，用牙签沾一下，再看看牙签上是什么颜色，或者用牙签沾一些放在盛水的小玻璃杯中。（图1）

第2步： 接下来，给每个大玻璃杯盛同样多的水。向第一个水杯中加入几滴红色颜料，向第二个水杯中加入蓝色颜料，向第三个水杯中加入绿色颜料。确保杯中的颜色是透明的。用勺子搅拌每个杯子中的颜料，在每一次搅拌前确保勺子是干净的，这样就不会混入其他颜色了。（图2）

图1：混合颜料。

图2：向玻璃杯中滴入颜料。

科学揭秘

颜料最初的颜色有红色、蓝色和黄色。“最初”的意思是这些颜色不能由混合其他颜色得到。当你需要比这三种更多的颜色时，你可以混合这三种颜色以得到更多颜色，例如：

黄+蓝=绿

黄+红=橙

蓝+红=紫

如果你混合红、蓝、黄三色颜料，就会得到黑色。

在最初，光的颜色也是不同的，有红光、绿光和蓝光。当你组合这些不同颜色的光，就会得到其他颜色，但光的组合规律和颜料不同，例如：

红+绿=黄

红+蓝=洋红（一种紫色）

蓝+绿=青（一种蓝色）

当你足够靠近电视机屏幕的时候，你会在上面看到很小的带有颜色的像素点。电视画面就是由这数百万个小像素组成的，每一个小像素都像是独立的能迅速开关的红、蓝、绿色的小灯。如果混合红、绿、蓝三色光，就会得到白光。

（下转第79页）

混合光影去制造颜色（续）

安全提示

（上接第76页）

— 在尽量黑的房间里进行实验。

— 使用食用色素时要注意，它有可能弄脏衣服、皮肤和家具。

— 可以撕一张蜡纸垫在托盘中，托盘的边能防止颜料向四周流出，蜡纸能防止颜料四处滚动。

第3步： 打开一支白光手电筒，让光线穿过有红色液体的玻璃杯，照到对面的白墙或白纸上。打开第二支手电筒，让光线穿过有绿色液体的玻璃杯。打开第三只手电筒，让光线穿过有蓝色液体的玻璃杯。（图3）

第4步： 移动手电筒的位置，让穿过红色和绿色水杯的光线混合在一起，在对面的白墙上你看到了什么颜色？接着，将穿过红色和蓝色水杯的光线混合在一起。再接下来，将穿过蓝色和绿色水杯的光线混合起来。每一次组合光线时，你分别看到了什么颜色？最后，将三种不同颜色的光线组合在一起，你又看到了什么颜色？（图4）

图4：混合不同颜色的光，你看到了什么？

科学揭秘

（上接第77页）

17世纪，一些科学家认为不同颜色的光是由光和黑暗的不同组合得到的。这个理论认为红光是由白光和少量的黑暗组成，而蓝光是由白光和大量黑暗组成的。17世纪末，艾萨克·牛顿利用棱镜将白光分解为不同颜色的光，他接着又将这些不同颜色的光混合起来，正如你猜想的，他得到了白光，证明了之前的理论是错误的。

奇思妙想

使用不同颜色的颜料和光线，你可以得到许多不同的新颜色的配方！在这个实验中，每种颜料你只使用了一滴。但是，如果你加入不同的滴数会发生什么呢，例如一滴红色＋两滴蓝色＋三滴黄色？你同样可以尝试用不同颜色的光线进行组合，例如向两个玻璃杯中加入数滴两种不同颜色的颜料，然后混合穿过它们的光线。你也可以向玻璃杯中加入更多滴颜料，使得杯中的颜色更暗；或者，向玻璃杯中加入更多水，让杯中的颜色更亮。然后，再如之前一样让手电筒的光穿过水杯，进行实验。你可以使用能想到的尽可能多的颜料和光线的组合——同时别忘了在实验日志上记录下你的实验，记下你都看到了什么。

图3：用手电筒将白墙（或白纸）用色彩点亮。

反射光线看到颜色

红色的东西看起来总是红色的吗？让我们去探寻答案！

实验用时

10分钟

实验材料

- 干净的厨房保鲜膜
- 强光手电筒
- 黑色水彩笔
- 彩色水彩笔
- 橡皮筋
- 4～5个有颜色的小物件

安全提示

— 你可能会需要一些现成的、有颜色的小物件。例如，你可以用红色的苹果、黄色的乒乓球、橙子、绿色的叶子、蓝色的布、紫色的花……或其他你能想到的任何东西！收集至少4～5样物品。

— 水彩笔套装里至少应该有红色、绿色和蓝色的笔。但如果你有更多的颜色，那会更好！

实验步骤

第1步： 撕下一张保鲜膜，大小要足够覆盖住手电筒上有灯泡的那一头。将手电筒有灯泡的一头放在保鲜膜上，确保保鲜膜平坦无褶皱。用黑色水彩笔沿着灯泡一头的边画一个圆圈。（图1）

第2步： 拿一支红色水彩笔，在黑圈里均匀地涂上红色。将涂红的圆型保鲜膜放在手电筒带灯泡的一头，将保鲜膜边缘包在手电筒上，再用橡皮筋将保鲜膜固定住。打开手电筒，确认你能够看到红光。用其他颜色的水彩笔重复相同的步骤。（图2）

第3步： 将彩色的小物件摆一排。给手电筒蒙上涂成红色的保鲜膜。关掉房间里的灯。（图3）

第4步： 用红光缓慢地照这一排小物件。在红光的照射下，哪一个看起来是最亮的？哪一个又是最暗的？（图4）

第5步： 用涂成其他颜色的保鲜膜代替红色保鲜膜，重复第4步。这次哪一个物件看起来最亮？哪一个又最暗？对所有颜色都重复上面的实验。你注意到什么时候小物件看起来最亮，什么时候又是最暗的？

图1：沿着手电筒勾出黑边。

图2：用不同颜色的水彩笔在保鲜膜上涂色。

图3：准备好红灯和小物件。

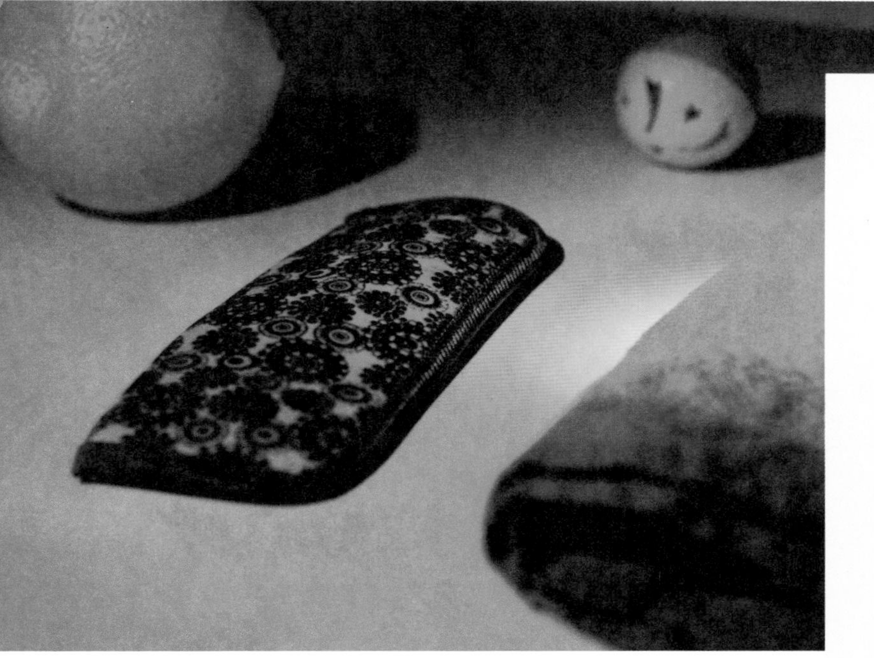

图4：用红光照射所有的小物件。

科学揭秘

红苹果看上去一直是红的，对吗？其实这种表述并不准确。当你用普通的手电筒去照红苹果，它确实看起来是红的。但为什么看起来是红色的呢？来自普通手电筒、台灯或者太阳的光是所谓的“白光”。白光是由许多不同颜色的光组成的。红苹果只反射红光到你的眼睛里，其他颜色的光则被它吸收了。蓝衬衫反射蓝光到你的眼睛里，并吸收了其他颜色的光。白墙反射了所有颜色的光，故而它看起来是白色的。而黑纸则吸收了所有颜色的光，不反射任何颜色的光。

在我们学过的实验25中（见第76页），牛顿帮助我们了解了许多光和颜色的知识。他在他的实验中曾用棱镜去分解太阳光或白光，得到不同的色光。然后，他用一种颜色的光照向不同的东西。牛顿发现，无论他做了什么，这种颜色的光依然保持这种颜色。于是，他指出物体呈现的颜色，和照向它们的光线的颜色有关。

奇思妙想

用不同颜色的灯和不同颜色的衣服在黑暗的房间里举行一场光和颜色的时尚表演吧！在表演之前不要让观众看到你衣服的颜色。用不同颜色的光照亮你的衣裳，让观众竞猜衣服的颜色，最后再打开白光灯公布答案。

探测红外线

用简单的材料探测你看不到的东西！

实验用时

15分钟

实验材料

- → 哑光黑漆（或黑色水彩笔）
- → 酒精温度计
- → 硬纸板盒
- → 剪刀（或美工刀）
- → 玻璃棱镜
- → 白纸
- → 钟表（或计时器）

安全提示

- — 酒精温度计看起来就像在玻璃管中装了红色的水。
- — 给温度计的管壁涂上哑光黑漆（没有光泽的）或黑色的水彩笔。黑漆的效果最好，但如果你没有黑漆，用黑色水彩笔也可以。在开始实验前，让漆或水彩干透。
- — 如果你的纸盒上有盖子，请让成年人用剪刀或美工刀将它们剪掉。

实验步骤

第1步： 在纸盒一边的顶部切开一个口子，大小刚好能固定下棱镜。这个开口最好可以固定住棱镜而不需要用手去扶。将棱镜放入开口中。（图1）

第2步： 将一张白纸放在盒子的底部。（图2）

第3步： 在晚春、夏天或早秋晴朗的中午到室外去。在阳光下找一处无风的地方。带着纸盒、棱镜、温度计和计时器。慢慢地转动棱镜直到在盒子的底部能够看见“彩虹”。你可能需要转动盒子才能使“彩虹”出现在盒子的底部。（图3）

第4步： 将温度计放在附近阴凉处，静置几分钟。记录温度计的读数。

第5步： 观察“彩虹”，看一看“彩虹”红色的一侧。将温度计放在“彩虹”红色那一侧的外侧，即刚刚看起来没有颜色的地方。（图4）

第6步： 将温度计保持在那个位置5～15分钟（你可能需要稍微调整纸盒的位置，以保持盒底“彩虹”的位置不变，但不要让有颜色的光照到温度计上）。在结束时，再一次观察温度计的读数。你发现了什么？

图1：将棱镜嵌入盒子的开口。

图2：将白纸放入盒中。

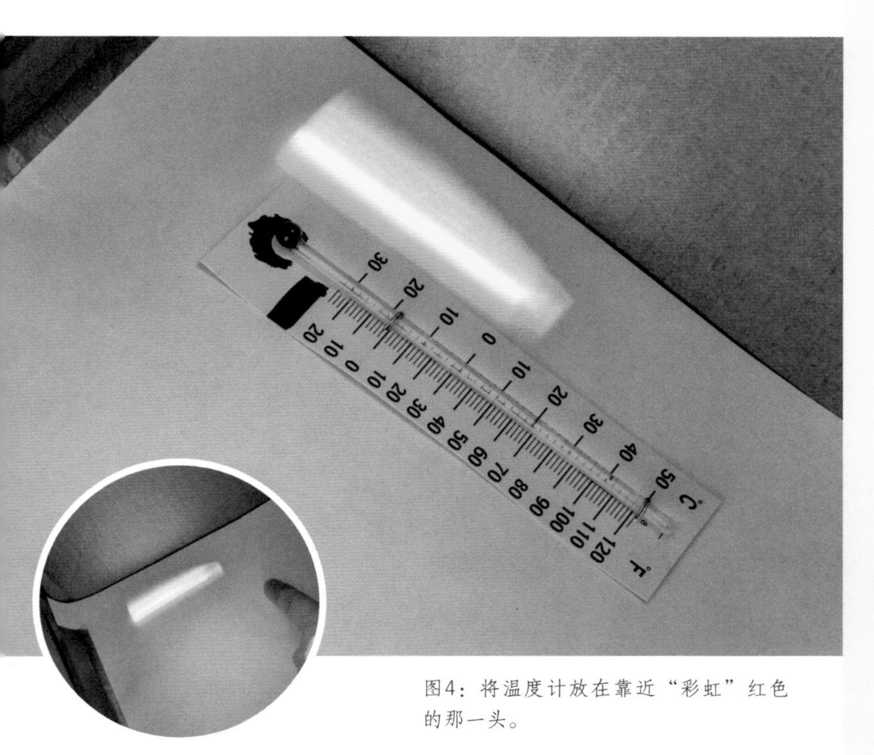

图3：观察盒中的“彩虹”。

图4：将温度计放在靠近“彩虹”红色的那一头。

科学揭秘

19世纪，天文学家威廉·赫歇尔（William Herschel）通过棱镜研究了来自太阳的光。他发现，当温度计不在可见光的范围时，他的温度计记录到了最高温度。他看到的最高温度处在离开可见的红光很近的位置。他发现了一种他不能够用眼睛看到的光，这种光被称为“红外线”（在红光那一侧的“外边”）。

红外线是非常有用的。红外线相机能够用于定位被浓烟遮蔽的人和动物，并找到森林中已经燃烧的区域，这些地方的火看上去已经熄灭了，但实际上仍然足够热，可以再次引燃和燃烧起来。红外线相机被用来查看建筑中哪里有热量逸散和能量消耗。用红外望远镜可以看到太空中被遮挡住的区域。可见光不能穿过太空中黑暗的充满尘埃的区域，但是红外线可以，它能够让我们看到那些在通常情况下被遮挡的星星。

奇思妙想

这个实验最好在正午进行，尤其是在太阳位于天空中最高处的时候。如果你在一天的早晨或者下午的时候进行这个实验，你会看到什么结果？在早春、深秋或冬天时，当太阳在天空中较低的地方时做这个实验，又会看到什么结果？

你能看见光吗？

利用相机来帮助你看到光吧！

实验用时

15分钟

实验材料

→ 任何家中有的手持的远程遥控器（来自电视、音响、电脑等）
→ 手机相机（或手持相机）
→ 1片黑色塑料，比如黑色塑料购物袋或垃圾袋

安全提示

— 最好在一个暗室里进行这个实验。
— 如果你使用的手机有两个相机镜头，两个镜头都尝试一下，其中的一个镜头可能会工作得更好。

实验步骤

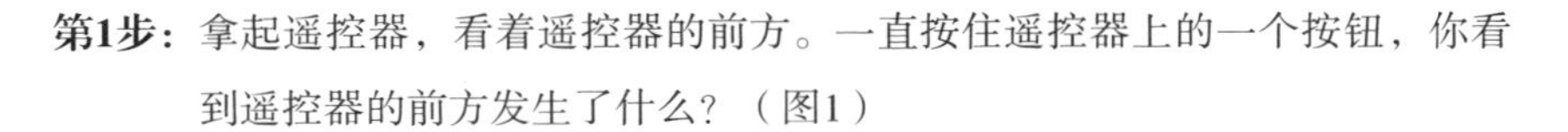

第1步： 拿起遥控器，看着遥控器的前方。一直按住遥控器上的一个按钮，你看到遥控器的前方发生了什么？（图1）

第2步： 打开相机，将遥控器的前端指向相机镜头，然后一直按住遥控器上的一个按钮。当你按下按钮时，观察相机屏幕上的图像。现在，在屏幕上你能够看到什么？尝试将相机切换到另一个镜头模式，将遥控器对准镜头，再按住遥控器上的按钮。使用一些不同的遥控器再做次实验。（图2）

第3步： 现在，将遥控器放入黑色塑料袋中。 再将遥控器前端对准相机的镜头，并按住遥控器上的按钮。在相机的屏幕上，你看到了什么？（图3）

图2：看相机屏幕里的遥控器。

图1：按住遥控器上的按钮，你看到了什么？

图3：透过塑料
你能看到什么？

科学揭秘

你是否发现，当你按住遥控器的按钮时，在遥控器前方你看不到任何东西？但是，当你将遥控器朝向相机镜头，你又能够在相机的屏幕里看到些什么？当你将遥控器装入塑料袋后，又会发生什么呢？你一定无法看穿塑料袋，但是你却能看到遥控器发出的光透过了塑料袋。这是怎么一回事呢？相机能够“看到”的光和你眼睛能看到的一样吗？

粗略地来说，我们的眼睛能看到的某类光，称为“可见光”。还存在着其他的光，比如射电、微波、紫外线、X射线和伽马射线。除此以外，还有一种称为“红外线”。远程遥控器就是通过红外线与电视等其他电子产品连接的。我们的眼睛一般看不到红外线，但是我们的相机通常可以“看到”一部分红外线，这就是我们将遥控器朝向相机时在相机屏幕中看到的现象。

相机可以接收到眼睛看不到的光线并且将它们转化为你能够看到的图像。天文学家也是这么干的！当他们拍摄出一幅我们的眼睛看不到的图像，他们就需要将它转换为我们能看到的图像。例如，哈勃空间望远镜能够接收可见光和一部分红外线。右侧就有同一块尘埃云的两幅照片，它们都是老鹰星云的照片。

左边的照片是可见光下这个星云的照片，右边的照片是这个星云在红外线波段的样子。它们看上去完全不同！在每一幅图像上你发现了什么？

奇思妙想

可以将你的相机架在一个黑暗的房间里，这样能够更好地看到遥控器发出的红外线，而不用拿着相机去看屏幕上的东西。你也许需要将相机放在架子或柜子上（或者你需要一个帮手帮你拿着相机）。可以在屋里找一些小玩意儿，练习利用遥控器发出的红外线“描摹”这些小东西，就是说将遥控器发出的红外线照向这些小东西，然后你就会在相机的屏幕里看到这些东西。制作一些利用红外线“描摹”不同东西的小视频吧。让其他人观看这些视频，仅通过观看视频让他们猜一猜在视频里你“描摹”了什么。可以给猜对次数最多的那个人一份奖励！

图片来源： NASA，ESA，and the Hubble Heritage Team（STScI/AURA）

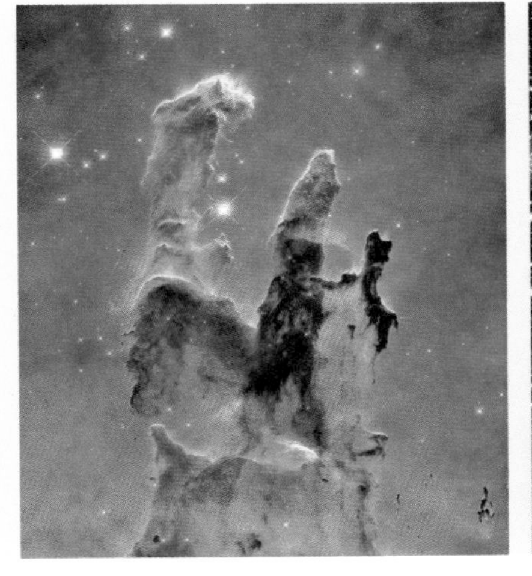

制作和烘烤

制作棉花糖夹心饼干不需要火——仅需要一个晴天！

实验用时

1～2小时

实验材料

→ 干净的空比萨盘（来自中等尺寸比萨）
→ 剪刀（或美工刀）
→ 锡箔
→ 管道胶带（或干净的包装胶带）
→ 1个容积为3.4升的透明塑料袋
→ 黑纸
→ 5～6张报纸
→ 透明的玻璃杯（或塑料杯，不要纸杯）
→ 全麦饼干、巧克力和棉花糖（用来制作棉花糖夹心饼干）

安全提示

— 如果你需要一个干净的比萨盒，可以在下一次订比萨的时候向比萨店要一个额外的盒子，告诉他们这有科学用途。
— 这个实验最好在无风的晴天去做。如果有风，设法固定住你自制的太阳炉，因为风可能会使炉子的温度下降。

实验步骤

第1步： 翻开比萨盒的盒盖，让成年人帮忙在盒盖上剪出三条边，使这个剪出来的方形盖能上下摆动，方形盖的边与比萨盒的边缘相距2.5厘米。（图1）

第2步： 将方形盖翻起来，在方形盖的内侧覆盖一片锡箔，再将另一片锡箔粘在方形盖的外侧。

第3步： 将手提袋剪开，这样就有了两块透明塑料。用一块透明塑料盖在切出了方形盖的盒盖的内侧。将塑料的每一边都紧密地贴在盒盖上，以免空气穿过。

第4步： 用黑纸覆盖比萨盒内的底部，沿着边缘用胶带贴上，或者用双面胶将纸张贴在盒内。（图2）

第5步： 将报纸卷成管状，沿着盒子底部的边缘放置。翻下盒盖，确保比萨盒可以正常合拢。如果不能，将盒内的报纸卷做得更小一些。（图3）

第6步： 将这个自制太阳炉放在外面有阳光的坚硬地面上。倾斜盒盖上的锡箔片，让阳光能够穿过透明塑料进入盒内。用一块纸板或一些坚固的东西将锡箔片固定在正确的角度。你也可能需要支撑住比萨盒，使得锡箔片能直接对着太阳。（图4）

图1：在盒盖上剪出一片可上下翻动的方形盖。

奇思妙想

可以通过在盒内放置一个温度计数可达93°C的烹饪用温度计来测试太阳炉的温度。将你的太阳炉放在阳光下1～2小时。太阳炉能变得多热？你能想办法让你的太阳炉获得更好的效果吗？你能让更多的阳光照入太阳炉吗？是改变设计以获得更高的温度，还是把太阳炉做得更大？尝试新的设计，看看哪些设计的效果最好！记住，不要使用放大镜或任何可能将纸张或纸板点燃的棱镜，那样会导致太阳炉太热，也太危险了！

第7步： 把你想烘烤的食物放到一个透明的塑料或玻璃盘子里。比如，将全麦饼干放到盘子上，把巧克力放到一些饼干上面，再将棉花糖放到另一些饼干上，然后放入盘中。将盘子放到你的太阳炉里，让食物加热直到巧克力开始融化。当你的巧克力融化了，把两片饼干黏在一起——棉花糖夹心饼干就完成了！不要频繁地打开你的炉子，否则热气会漏走。

科学揭秘

如何让来自太阳的光最终热到足以烹饪食物？首先，阳光穿过太阳炉顶部透明的部分，照到盒内底部的黑纸，然后黑纸会释放热量，这些热量会加热盒中的空气。透明塑料顶和卷起的报纸能够防止盒内的热空气泄漏，盒内的温度能够达到50℃甚至更高。虽然“太阳炉”需要很长的时间来加热和烹饪食物，但它完全利用了免费的能源！

如果你想尝试用自制的太阳炉烹饪别的食物，千万不要用含有生鸡蛋、蛋黄酱或生肉的食品。你的太阳炉无法达到足够的温度以杀灭那些食品中的有害菌。你可以使用熟肉、蔬菜或水果。还可以尝试用肉桂和蜂蜜制作烤桃片、烤热狗片或烤甘蓝片！

使用利用太阳能的太阳炉在没有电力的区域可能是一个非常好的创意。NASA（美国航空航天局）除了利用太阳能为空间飞船和国际空间站提供电力，还在许多其他领域使用太阳能。

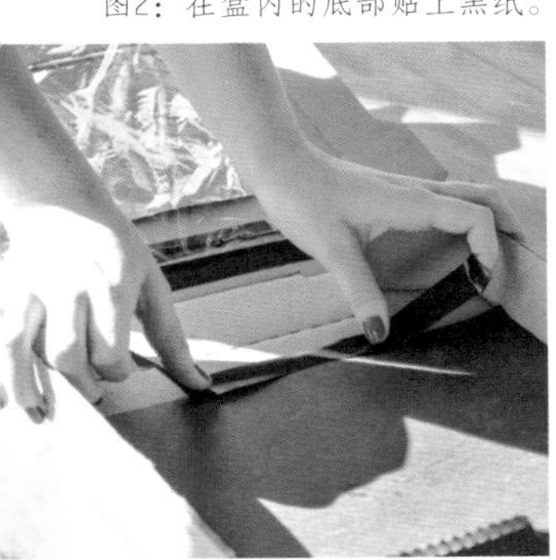

图2：在盒内的底部贴上黑纸。

图3：将报纸卷沿四周放入盒内。

图4：让阳光照进你的自制太阳炉中。

点亮一束光

造出一个镜子迷宫，邀请朋友和家人将迷宫改造得更好吧！

实验用时

30分钟

实验材料

→ 小镜子（至少要6面，多多益善）
→ 1个小东西
→ 手电筒

安全提示

— 如果你需要购买镜子，找那种小的塑料平面镜。尺寸在7 × 10厘米的镜子是最好的。

— 选择可以调节光束大小的手电筒（通常通过旋转灯泡周围的环来实现）。

— 如果做拓展的“激光迷宫”实验，你会需要一支激光笔。千万不要用激光去照任何人的眼睛！

— 如果你想看见激光，可以使用一罐剧场用烟幕喷雾。在室内使用烟雾喷雾时要小心。要确保在烟雾探测器周围使用时不会触发报警。有时，烟雾会在地板上留下一层薄薄的灰，有些人可能会对这些烟雾物质过敏。

图1：准备好小东西。

实验步骤

第1步： 将1件小东西放在长条桌或柜子上。（图1）关掉房间里的灯。

第2步： 用你所拥有的尽可能多的镜子来搭建一个镜子迷宫，要求是，当你将手电筒的光照向第一面镜子时，第二面、第三面等后面的镜子都会被照亮，直到光线最后照向你摆放的小东西。你可能会需要固定这些镜子，使它们尽可能直立。就如何造迷宫并没有一个标准的方案，按照你的想法搭建即可。打开手电筒时，要确保光束尽可能小。（图2）

第3步： 当你对整个过程都感到熟练后，邀请你的朋友或家人一起尝试！按照你想要的难度设计规则，看看谁能够隔离开尽可能多的镜子来搭建出最大的迷宫，或者使用最多的镜子去搭建迷宫，又或者让光线绕过角落并沿着走廊穿过。你也可以给自己提出新的挑战。

图2：搭建你的镜子迷宫。

科学揭秘

当你打开室内的灯，发生了什么呢？房间被照亮了，对吗？是的，但是还有一些眼睛看不见的事情正在发生。在这个实验中，当你打开手电筒，手电筒会发出光线，照向一系列镜子。少部分照到镜子的光反射回你的眼睛，这使你能够看到那些镜子。大部分光线被镜子反射，接着最终照到镜子迷宫末端的你摆放的目标物上。然后，你又是如何看到那些目标物的呢？手电筒发出的光，被镜子和目标物反射，直到一些被目标物反射的光进入你的眼睛，你才能够看见那些物体。这一切发生得极其快速，因为光以每秒300,000公里的速度在传播。你能看见传播在房间中的光束吗？不可能！光线必须被某些东西反射，再进入你的眼睛，才能被你看见。

恒星，包括我们的太阳，在天上闪耀，是因为它们自身会发光。光线来自于恒星。太阳中的一些光被我们的眼睛接受，正是这些光让我们看到了太阳（不要直视太阳！）。一些太阳光被行星反射后达到我们的眼睛里，这使得我们看见行星。这是恒星和行星之间一个重要的区别，恒星自身发光，行星反射光线。

奇思妙想

你是否曾在电影中看过有人尝试进入被激光“网”保护的密室？如果碰到了其中一束激光，就会触发警报，惊动警卫。你同样可以做一个激光迷宫！用你的镜子，在黑暗的走廊中搭建起一个完整的迷宫吧。让激光通过所有的镜子，照向大厅末端的目标物。接着，试着缓慢地上下移动激光光束，使得光束沿着走廊一直延伸到大厅。让一个人观测激光光束灯的末端，如果你不小心碰到激光光束，将会阻挠光线照到目标物上。如果你沿着走廊走向大厅，同时一直不让目标物上的光束消失，你就胜利了——然后，试着原路返回。

发光的水

实验用时

5分钟

实验材料

→ 2个干净的饮水杯
→ 含奎宁的水
→ 自来水
→ 科学日志
→ 铅笔

安全提示

— 这个实验必须使用含有奎宁的水才能奏效。要在标签上寻找“含有奎宁”或“通宁水”等字样。奎宁是产生我们将要看到的现象的主要原因。
— 找个晴天做这个试验，最好是在正午太阳最高时。

有一种特别的水，它会发光，能让你看到平时看不到的东西！

实验步骤

第1步：将奎宁水倒进杯子，差不多倒满。再将差不多体积的自来水倒入另一个杯子。把两杯水置于室内进行观察，看到什么有趣的现象了吗？（图1）

第2步：把这些倒满水的杯子放在阳光下，把杯子放在桌子或其他什么结实的东西上。一定要记好两个杯子里分别盛的是什么。（图2）

第3步：看看阳光下的自来水和奎宁水的表面。你看到了什么？（图 3）

第4步：在一天中的不同时刻做这个实验。上午八九点时是怎样的？中午或下午一点以及下午三四点时又是怎样的？再在一年中不同的时间做这个实验。在冬天和夏天，结果有什么不同吗？把你的观察记到实验日志上进行对比。

图1：分别将自来水和奎宁水倒入两个杯子。

图2：将自来水与奎宁水置于室外。

奇思妙想

要探测紫外线，不仅仅可以用奎宁水。找一下紫外线敏感（或“太阳敏感”）的玻璃珠、飞盘、纸、腕带或者衣服。这些材料暴露在紫外线下时会变色。用这些材料你可以做很多实验。可以在一天的不同时刻把它们拿到室外，看看颜色是如何发生改变的。可以分别在晴天、多云和阴天时将它们拿出来，看看是否有足够的紫外线使它们变色。试试抹上不同的遮光剂后把它们放在室外。再试试不同的防紫外太阳镜。再看看不同的衣服或材料能否提供一些防紫外线效果。实验时记得拍照，这样你就可以比较颜色的变化情况。可以发挥你的想象力再想些新点子。你的创意没有极限！

图3：看到水发光了吗？

科学揭秘

我们的太阳会发出多种不同的能量。我们的眼睛能看到的那部分能量被称为“可见光”。在实验28（见第84页）中，你可以使用相机看到一种我们眼睛看不见的光，叫做“红外光”。在这个实验中，我们使用奎宁水来探测另一种我们眼睛看不见的光，它叫做“紫外线”。顾名思义，“紫外”意味着“紫色之外”或者说在彩虹中的紫色之后。

你可能已经听说过紫外光或紫外线。根据具有的能量的多少，紫外光被分为三大类。能量最低的叫做A型紫外光，可由黑色电灯泡发出。我们从黑光灯中能看到一点紫色的可见光，但大部分的光是我们看不见的A型紫外光。一些画作在A型紫外光下颜色会发亮，我们的皮肤则会因太阳光中的A型紫外光而变黑。B型紫外光包含的能量比A型更多，也是它使得我们的皮肤被阳光晒伤。即使是阴天你也可能被晒伤，因为B型紫外光能穿透云层。你还可能会在雪地或沙滩上被严重晒伤，因为雪和沙都能反射B型紫外光。还有第三种，叫做“C型紫外光”。它蕴含的能量比B型还要多。不过，多亏了我们大气中的臭氧层，没有C型紫外光能够到达地面。

臭氧层大概在地表25公里之上。臭氧层不会阻挡A型紫外光，但它会阻挡大部分B型紫外光和所有C型紫外光。如果没有臭氧层，阳光中所有的紫外光都会到达地面，这对生活在地球上的生命来说会糟糕透顶。

“测量”光的速度

测量光的速度是小菜一碟？不，是巧克力一碟！

实验用时

5分钟

实验材料

→ 微波炉
→ 2个餐盘大小的结实纸盘
→ 1板巧克力
→ 直尺（或卷尺）
→ 能一次性显示至少11位数的计算器

安全提示

— 这个实验不能使用普通的盘子，否则它会吸收能量，让你得到错误的结果。
— 如果你的微波炉有食物转盘，要将转盘取出。因为转盘是为了让食物均匀加热，而这个实验，让巧克力不均匀地受热才能顺利进行。
— 取出在微波炉中熔化了的巧克力时，一定要小心，它会非常烫，碰到可能会烫伤，如果在微波炉里放得太久，还会烧起来。

图1：将纸盘放进微波炉。

实验步骤

第1步： 取出微波炉中的玻璃转盘。将一个纸盘倒扣在微波炉里，把另一个纸盘正放在它的上面，两个盘底互相接触。将巧克力板放在上方的纸盘里。如果你的巧克力板有一面是平整的，将那面朝上。（图1）

第2步： 用最大火力加热巧克力25～50秒，或直到你看到巧克力上出现熔化点。

第3步： 用尺子测量巧克力上熔化点间的距离。动作要快！这些点可能会扩散，使你的测量变得困难或不够准确。（图2）

第4步： 将测得的距离乘以2，再将得到的数字乘以2,450,000,000。这就是你所算出的光速，英语中通常缩写为“c”。如果你是用“厘米”作单位来测量熔化点之间的距离的，那你的“c”的单位就是“厘米/秒”。（图3）

图2：测量熔化点之间的距离。

奇思妙想

用巧克力碎去测量熔化点会更容易些吗？用普通的碎块和更小的碎屑有差别吗？白巧克力怎么样？黑巧克力呢？一整盘巧克力屑，小棉花糖又或者搅拌好的蛋清呢？你的计算结果会有什么改变吗？

图3：计算光速。

科学揭秘

“可见光”是指我们肉眼所能看到的光，它以一个固定的速度传播，这个速度被称为光速。微波是另一种形式的光，以同样的速度传播。尽管我们的眼睛看不到微波，但我们可以看到微波留下的“痕迹”，也就是巧克力上的熔化点。

科学家根据波长将不同能量的光区分开。波长最长的是射电波，最短的则是伽马射线。熔化点之间的距离对应着你的微波炉发出的微波波长的一半。我们将熔化点之间的距离乘以2，就是为了算出微波的全长。

将波长乘以频率就可以得到光速。2,450,000,000这个数就是大多数现代微波炉所用微波的频率，它代表一秒钟2,450,000,000次微波通过一个点。因此，你得到的厘米波长乘以2,450,000,000次微波/秒就得到以“厘米/秒”为单位的光速。

空气中的光速为每秒29,970,254,724厘米。你的结果与之相比差多少？你的结果可能会有些偏差，但这是意料之中的。你测量熔化点之间的距离时存在不确定性，因为熔化点其实并不是点，而是一个延展的区域。只要你的结果稍微接近真实值，你就非常棒了！

掉落，掉落，掉落

重的东西下落会比轻的东西更快吗？想知道的话就只有一个办法——试一下！

实验用时

5分钟

实验材料

→ 1个小球，比如网球
→ 1个握成团的纸球，要团得很结实，大小跟前面那个小球差不多
→ 可录像的相机

安全提示

— 这个实验需要两个人共同完成，一人扔小球，一人用相机拍摄。如果没有相机也没关系，两个人轮流扔下小球，仔细观察它们的下落就行。
— 用尺子确定一下两个球的大小是否一致。
— 摄像的人应离扔球的人大概一米远。要确保相机不动就可以录下小球从开始到结束的掉落全过程。

图2：掉落，掉落，掉落。

奇思妙想

2004年1月，美国国家航空航天局（后文简称NASA）让“勇气”号和“机遇”号火星探测器穿过火星大气降落到火星地面时，使它们先减速。如何做到呢？降落伞！降落伞被用来兜住空气使下落物体的速度减慢到安全的程度，就如同空中落下的叶子或纸片那样。尽自己最大努力做一个降落伞吧，就用纸张、报纸、细绳和布，或者其他什么你能找到的材料。从网上或者书上查找降落伞的制作方法，然后你自己设计一个。把一个小物件绑在你的降落伞上，松手，看它要用多久落地。用哪种材料效果最好？

图1：准备好放开两个球。

实验步骤

第1步： 如果你要用到折梯，先小心地爬上去，再让另一个人把两个小球递给你。如果不用折梯，就一手一个小球举过头顶，举到相同的高度。拿相机的那个人，要准备好开始录像。（图1）

第2步： 录下两个小球在同一时间从同一高度落下的视频。（图2）

第3步： 回看视频，观察两球何时落地（可以的话，用慢动作模式播放）。一定要多重复几次实验。你发现了什么？

科学揭秘

两千多年前，一位叫做亚里士多德（Aristotle）的古希腊科学家说，两个同样形状大小的物体，重的那个的下落速度比轻的快，会先掉到地上。听上去挺有道理的，对吗？

为了验证这一点，大概四百年前，伽利略做了一些实验。通过让小球沿着轨道滚下，他发现从同一高度落下的物体会同时到达地面。基于伽利略和其他一些人的成果，牛顿提出了他的万有引力定律。

你第一次做实验时，发现两个球同时落地了吗？应该差不太多，但受一些原因的影响，也许没那么准。可能虽然你想把它们举到相同的高度，但其中一只手略高于另一只，也可能你以为是同时松手的，但实际上有一个球掉落得早了一点。如果你是在室外做的实验，也许有股风吹了一下小球。这就是要多做几次实验的原因，你可以努力使你的结果更精确一些。

1971年，“阿波罗”15号（Apollo 15）飞船登月期间曾做过这个实验。宇航员大卫·史考特（David Scott）在大概1.6米的高度扔下了一把锤子和一片羽毛。那里没有空气的影响，所以当史考特宇航员扔下它们后，二者同时落到了月球表面。你可以在NASA的天文图片网站上找到这段视频，它发布于2011年11月，网址是：apod.nasa.gov/apod/ap111101.html。

实验34

转呀转

如果你看不到一个东西，又怎么知道它在那里呢？
那就看你能看到的东西。

实验用时

5分钟

实验材料

→ 荧光项链

安全提示

— 在一个完全黑暗的房间里进行这个实验，但要注意清理地面，以防绊倒。
— 需要多少荧光项链取决于参加实验的人数，三人一组，每组一条。荧光项链可以在商店买到。
— 如果你们找不到荧光项链，只需要想办法把其中一个人“点亮”，而不让另一个人也亮起来就好。比如找一个小手电筒，放进一个纸做的袋子里，让其中一个人带着这个纸袋，又或者把一个荧光棒用线绑在一个人的脖子上。

实验步骤

第1步：第一个人代表一颗遥远的恒星，在他的脖子上挂一条荧光项链。（图1）

第2步：第二个人与第一个人面对面双手互牵，抓紧。第三个人则代表在地球上观察这一组合的天文学家。（图2）

第3步：关灯，让室内陷入黑暗。牵手的两人开始旋转，注意安全。地球上的观察者会看到什么呢？（图3）

图1：戴上荧光项链。

奇思妙想

找一个小型音乐播放器和你一起沿轨道绕转。播放器发出的声音听上去怎么样？

图2：准备好旋转！

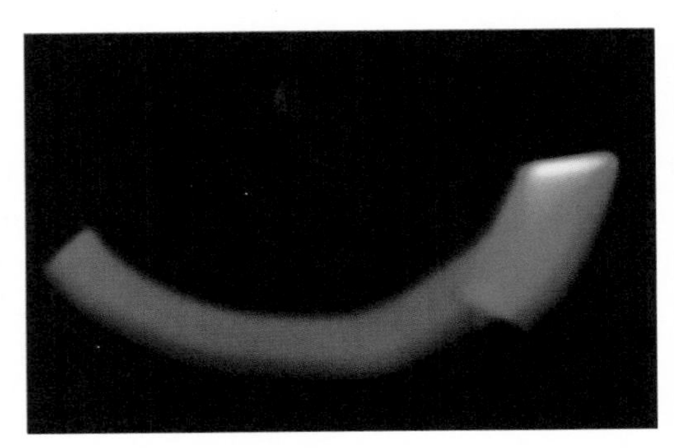

图3：转呀转！

科学揭秘

1964年，科学家们在天鹅座方向发现了很有趣的现象。当他们用特殊的望远镜观察这片区域的时候，发现有什么东西在发出X射线，这是一种我们肉眼看不见的光。那到底是什么？科学家们用观察“可见光”的望远镜去看，却什么都没有发现。不过在那附近有一颗恒星，这颗恒星本身很普通，但它的行为却很有意思：每过大概5天，这颗恒星就会绕着发出X射线的区域转一圈。科学家们把这个奇怪的区域命名为天鹅座X-1区域。这奇怪的东西到底是什么呢？

科学家们意识到，他们能看见的信息正告诉他们，那里有些看不见的东西。科学家们用可见光望远镜却看不见的天体是一个“黑洞”。黑洞很奇怪，你可以想象一颗比我们的太阳还要大的恒星走到了生命的终点，再想象它的引力将所有的东西都拽向它，直到形成一个大城市大小的球，所有的东西，就连光也不能逃离它。这可真是难以想象，对吗？这就是黑洞。

在这个实验中，戴着荧光项链或手电筒的人就代表着天文学家们能看到的那颗星，另一个人则是我们看不到的那个天体。当他们绕着彼此旋转，地球上的观察者就只能看到那颗移动的恒星，而看不见另一个天体。

实验35 自由下落

实验用时

5分钟

实验材料

→ 1个纸杯（或塑料杯）
→ 能把杯子戳个洞的任意物品，比如削尖的铅笔
→ 1桶水

安全提示

— 最好在室外或者浴缸里做这个实验，因为结果会有点乱糟糟的。
— 在杯子上戳洞的时候请小心，可别在手上戳个洞哦！
— 最好拍下这个实验再仔细看其结果，所以再找一个人拍摄你扔下水杯的过程吧。

你不必去太空看自由落体，就让重力替你展示它吧！

图1：在杯子上戳两个洞。

图2：观察水从杯中流出。

实验步骤

第1步：小心地在空杯子接近底部的侧面戳两个洞。（图1）

第2步：用手指堵住洞眼，向杯中倒水，不要让水流出。把杯子放在水桶上方，松开堵住洞眼的手指。水会怎样呢？（图2）

第3步：再用手指把洞眼堵住，给杯子倒满水。这次把杯子举高一些。预测一下，当你松开手指，水和杯子会怎样。然后，先松开堵住洞眼的手指，让水流出后，再松开手让杯子落下。这一次，水是怎样的情况呢？（图3）

图3：当水流出时松开杯子。

奇思妙想

在数次太空飞行中，NASA的宇航员把一些日常玩具带到了太空里，看它们是否还能像在地球上一样运行，还为此拍了视频。

想要看这些视频，可以在网上搜索“NASA International Toys in Space”。在看NASA的结果之前，先自己预测一下这些玩具会怎样。你猜对了吗？

你知道电影《阿波罗13号》的所有失重场景都是在NASA的KC-135号飞机中拍摄的吗？演员看上去处于无重力状态的原因是他们真的是无重力的！这部电影的导演使用了NASA的飞机6个月。下次你看这部电影时，注意看那些自由落体的场景，它们棒极了！

科学揭秘

这个实验的神奇之处在哪里呢？当你拿着装满水的杯子，松开堵住洞眼的手指时，你的手阻止了杯子的下落，但重力使得水可以从洞中流出落到地上。然后你松开了握着杯子的手，你注意到水不再从洞口流出了吗？

当水杯落下，杯子和水会以相同的速度落下，想想你在实验33（见第94页）中丢下的两个不同的小球。如果水从杯中流出，就意味着水要比杯子下落得更快。正如我们已经发现的，这是不可能的。杯子和水以相同的速度在同一时间开始下落。

杯子和水处于自由下落状态。如果你正好在那个下落的杯子里，你就感受不到重力把你往下拉的感觉了。

在地面上是没办法弄一个“零重力屋”的，所以，当NASA要训练宇航员在太空中的飞行能力，一个办法就是在飞机里创造出自由下落的环境。

这架飞机就叫做KC-135号，但它还有个更生动的名字，叫“呕吐彗星”。飞行员驾驶飞机急速升高，就像你玩过山车时上坡一样。爬坡时，乘客感觉被按在座位上，像是比在地面上重了好多。当飞机升到顶，就开始俯冲，就像过山车从坡顶开始下冲，乘客大概有三十秒的无重力体验时间，这也被称为“自由落体”。然后飞行员拉起飞机停止俯冲。为什么称它为“呕吐彗星”？想想看，飞行员飞一趟来这么三四十次，你觉得在“呕吐彗星”上能好受吗？

单元 5　探索我们的太阳系

许多人会问：“是谁发现了行星？”这么说吧，人们一直就对水星、金星、火星、木星和土星有所了解。它们看上去有些像恒星，但它们在空中的运动方式却又与恒星不大一样，对此，古人早就有所察觉。古时的希腊人称这些天体为“planetes”。这个词的意思是“徘徊者”，因为这些天体看上去就像是在天空中徘徊。“planetes”这个词和哪一个词看上去很像？显而易见，就是“planets”（行星）！这就是英文中行星 planet 一词的来源。

古人并不清楚行星是什么。当我们能用望远镜观察它们之后，才对它们有了更加深入的了解。当伽利略和其他人用望远镜看向行星，发现行星并不是一些光点，而是圆形的。当望远镜的性能越来越好，就能看到火星的亮区和暗区，木星的条带和土星的环。人们用望远镜发现了天王星、海王星、冥王星、众多小行星和彗星，然后，不只是记下它们的数量、观察它们的运动，还想知道它们是什么样子的，那里的情况又是怎样的。

在接下来的实验中，你将会学习太阳系中一些天体的来由，比较一些东西，明白火星并非红色，发现金星不是个度假的好地方，你还会看到太阳的斑点脸。总之，你将用各种有趣的方式来了解我们的太阳系！

当土星绕着太阳旋转，它倾斜的状态让我们可以在不同时间看到它不同的部分，这种倾斜让土星上也有了季节。

图片来源： NASA and The Hubble Heritage Team (STScI/AURA)

实验36 给太阳系分个类

科学家总是把各种东西分组，亲手试试给太阳系分个类吧！

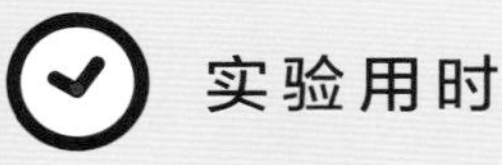

实验用时

15分钟

实验材料

→ 至少30张太阳系中天体和位置的图片（越多越好！）
→ 若干张纸
→ 铅笔（或钢笔、记号笔）

安全提示

— NASA有许多太阳系内天体的图片，包括近距特写和远距离拍摄的图。你可以从以下网站查看和打印这些图片：

· 行星和矮行星：
photojournal.jpl.nasa.gov

· 太阳系天体：
hubblesite.org/categories/images

· 彗星和小行星：
photojournal.jpl.nasa.gov/target/other

— 你也可以从天文学和科学杂志上裁剪行星、月亮、小行星和彗星的图片。可以看看你们当地的图书馆是否有旧书、旧杂志售卖，或者联系当地的天文俱乐部，问问他们有没有天文学杂志。

实验步骤

第1步： 把图片摊开，这样你可以总览全貌。（图1）

第2步： 第一个人根据自己的选择，将图片分为两组或更多组。开放思维！你不一定要用“行星”、“月亮”、“小行星”或“彗星”来分组。分组的依据可以是颜色、形状，也可以是它们有没有环形山、是靠近太阳还是远离太阳，还可以是质地或外观，比如是石头还是冰，有没有条带，是圆的还是不圆的，或者其他任何条件。你也不必使用所有的图片。给各组图片做上标记，但不要给其他人看到这些标记。（图2）

第3步： 第二个人试着搞清楚第一个人分组的依据。你准确地辨认出别人的分组依据了吗？

第4步： 两人对换角色。第二个人来分组，让第一个人来分辨。重复这个过程数次！

图1：展示你的图片。

奇思妙想

做完这个实验后，用尽可能多的好看的太阳系图片做一张艺术拼贴画吧。画上部分用真图，部分用草图，并在上面填充不同的有趣的颜色吧。可以将不同的材料叠加到这些图片上，比如闪光纸、作图纸、纸巾、丝带或自然材料，比如树叶、干花、小树枝或草叶。再将你的图片按你的想法分组！

科学揭秘

你注意到了吗？在进行这个实验时，你们会将同一张图片分到不同的组里。科学家也喜欢给事物分组。在我们的太阳系中，有一颗恒星——太阳，8颗行星——水星、金星、地球、火星、木星、土星、天王星、海王星，还有我们所知的至少173颗卫星。行星可以分很多组，比如“有环行星”和“无环行星”，或“大的行星”和“小的行星”，或“有卫星的行星”和“无卫星的行星”。还有成千上万的彗星、大约有一个城市大小的冰块和石块。还有20万颗以上的小行星，小到数米，大到950公里。就连小行星也可以分组，比如“近地小行星”、“火星和木星间的小行星”等。

我们的太阳系中还有至少五颗矮行星，它们呈圆形，绕太阳公转。其中一颗叫谷神星（Ceres），它也是一颗小行星。等等，它怎么能既是小行星又是矮行星呢？它怎么能分在两个组里呢？你可能把一张图片放在两个组里过，科学界也总会发生这样的事情。而两种分组都是对的！

图2：对图片进行分组。

我在太空中听得到声音吗?

实验用时

15分钟

实验材料

- 小木棍
- 小铃铛
- 胶带
- 固体凝胶
- 盖子可拧紧的玻璃瓶
- 火柴

安全提示

- 铃铛可以从宠物玩具和节日装饰里找
- 本实验不要用塑料瓶！火与塑料在一起会放出非常危险的气体，塑料可能熔化。用装水喝的玻璃瓶就好。用前把瓶子洗干净，并确保干燥。
- 火柴交给成年人来操作。当火柴在瓶中燃尽时要小心。与火柴接触的瓶子的部分可能很烫。
- 胶棒看上去有点像黏土。它是用来把纸张或其他轻物粘在墙上的，这样就无需用到胶带，它在文具店就能买到。

你能在太空中听到声音吗?
试试这个实验，看看你的猜想是否正确!

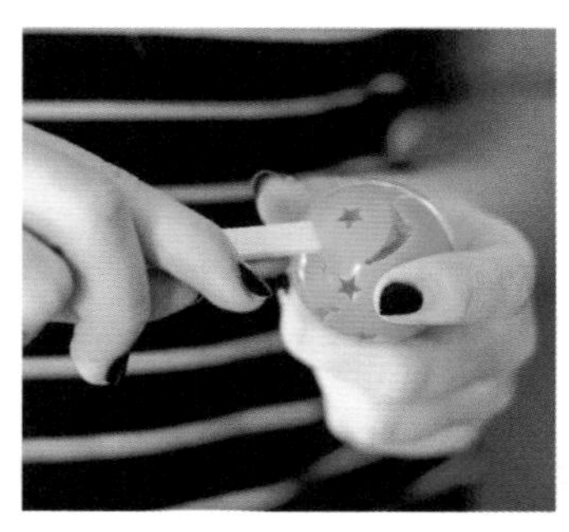

图1：把铃铛粘到木棍上。

图2：将木棍固定在瓶盖上。

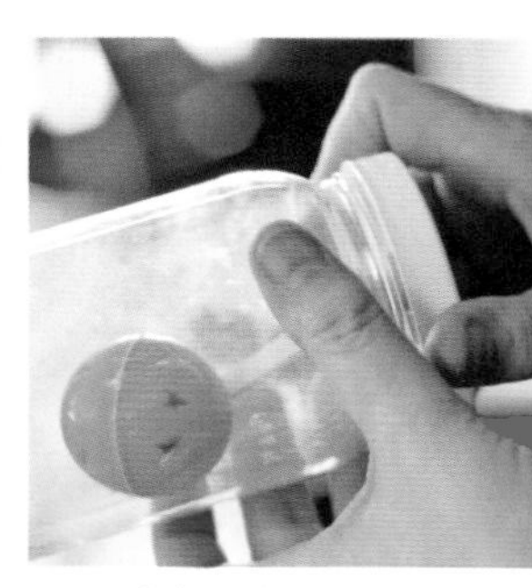

图3：盖上瓶盖。

实验步骤

第1步：将铃铛粘到木棍的一端。晃一晃，确保铃铛能响。（图1）

第2步：用固体胶将木棒固定在瓶盖的内侧。要确保松开木棒后，它仍连在瓶盖上。（图2）

第3步：将木棒置于瓶内，拧紧瓶盖，木棒不要碰到瓶壁。轻微摇动瓶子，确定你能听到铃铛的声音，并且木棒依然连在瓶盖上。如果木棒脱落，再多用些胶。（图3）

第4步：将瓶盖打开。请一位成年人来点燃两根火柴，并将它们扔入瓶中，再拧紧瓶盖。确保火柴不会接触到木棒或铃铛！（图4）

第5步：等几秒钟后，火柴熄灭。然后，再次摇晃瓶子。你听到什么了吗?

图4：由成年人将两根点燃的火柴放入瓶中。

科学揭秘

声音的原理是什么？声音是一种能量。想象一种发出声音的东西吧，比如吉他弦。当吉他弦振动，或者说快速地来回晃动，琴弦会推动附近的空气粒子，这些振动的粒子会撞到它附近的粒子，使它们也开始振动，振动持续传播，如果有足够的能量，这些振动的粒子会一直传到你耳膜附近的空气粒子附近，这些粒子又使你的鼓膜开始振动。不仅空气是这样，你在游泳时，在水下听到过声音吗？振动的水粒子也能使你的鼓膜开始振动。

我们经常说“太空是空的”，这并不准确。太空中有非常少量的粒子，所以也就只有非常非常少的粒子来振动，它们不足以使得人的鼓膜振动，所以你在太空中听不到声音。

在这个实验中，你在瓶内点燃了火柴，而火柴用掉了瓶内的一些氧气，随后火柴熄灭。瓶内的空气就比外界的稀薄，能振动的粒子就少了，声音就会比你最初摇响铃铛时小。

那么，如果我们在太空中听不到声音，我们是如何跟宇航员沟通的呢？答案是使用无线电波。无线电波是一种眼睛看不到的光，于是我们用特殊的设备来探测这些电波，并将它们转化为振动，再传递给鼓膜。这样，你就能听到声音了。

奇思妙想

想自己制作凝胶完成这个实验吗？有两个办法。首先，找一根旧固体胶棒，已经干得粘不住东西的那种。如果你只有新的，把它的盖子打开，放在外面风干几天。把里面的胶挖出来放在手里揉捏，如果还是太软，加一点婴儿爽身粉，就差不多了。另一种方法是将两份液体白胶和一份液体淀粉混合到一起，用汤勺搅拌，调整用量，得到凝胶。（在你在墙上或其他表面使用凝胶前，先做个测试，确保它不会在墙上留下印迹或者使墙上的漆脱落。）

如何“看到”看不到的表面

实验用时

1小时

实验材料

- 塑料吸管
- 有厘米刻度的直尺（或卷尺）
- 记号笔
- 1个硬纸板盒，盖子要能拿下来，比如鞋盒
- 铅笔
- 剪刀（或别的什么能在盒盖上戳个洞的锋利物品）
- 1组塑料拼插积木
- 科学日志

安全提示

— 找一名成年人在盒盖上开洞。

太阳系中有些地方我们无法轻易看到。那么，怎么才能看到它们呢？

实验步骤

第1步： 将吸管放在桌子上，末端对准尺子的零刻度。用记号笔沿着吸管每隔一厘米做一个小记号。别让吸管滚动！给每个记号编号，如1、2、3，以此类推。（图1）

第2步： 将盒盖平放在桌子上，然后用短边对准零刻度。用铅笔沿着盒盖的长边，每隔两厘米做一个小记号。另一条长边同样如此。（确保你的记号在一条直线上。）

然后再将零刻度对准长边，沿着短边每隔两厘米做一个记号，两边相同。

最后，将对边上的对应记号用铅笔画直线连起来，长短边均如此。最终，你将在盒盖上得到一组小方格子。（为什么用铅笔呢？这样如果你的记号画错了位置，可以擦掉重新量。）（图2）

第3步： 让一个成年人在直线的交点处开一个洞，用剪刀或刀尖都可以。最终你将会得到一个满是格点小洞的盒子。要确保洞口的大小足够插入吸管。（图3）

第4步： 让另一个人在盒子里做一个“星球表面”，但不要让你看到。这个人要将积木搭在一起，弄出一个高低不平的表面，放到盒子里。你别偷看！

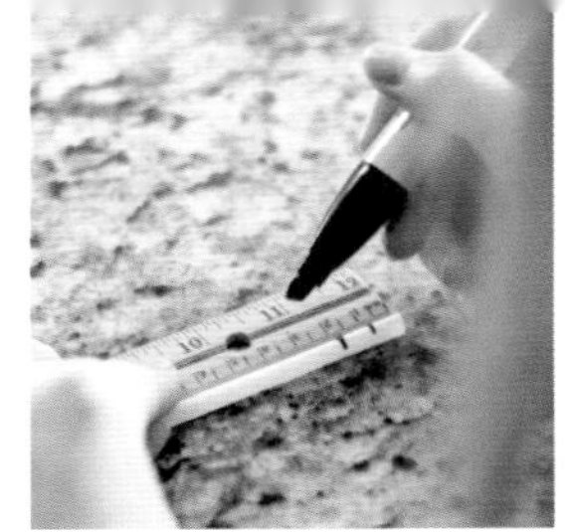

图1：将吸管变成一把尺子。

图2：在盒盖上画格子。

图3：在盒盖上开洞。

你的搭档要把盒盖盖上，不让你看到盒子里面。（图4）

第5步：在你的科学日志里，画一张网格，与盒盖上的网格相对应。例如，如果你的盖子宽6个洞、长15个洞，那也要画一个同样的网格在科学日志上。从盒子的一侧开始，将吸管的零刻度的一端插入第一个洞，然后将吸管推入洞中，直到触底再停下。观察吸管，记下吸管上的刻度。如果正好停在两个刻度中间，记下洞上面那个刻度。对其他洞同样操作，记下每个洞的测量结果。（图5）

第6步：研究你的记录。你能说出盒子里哪里高些、哪里低些吗？打开盖子，验证你想的是否正确。

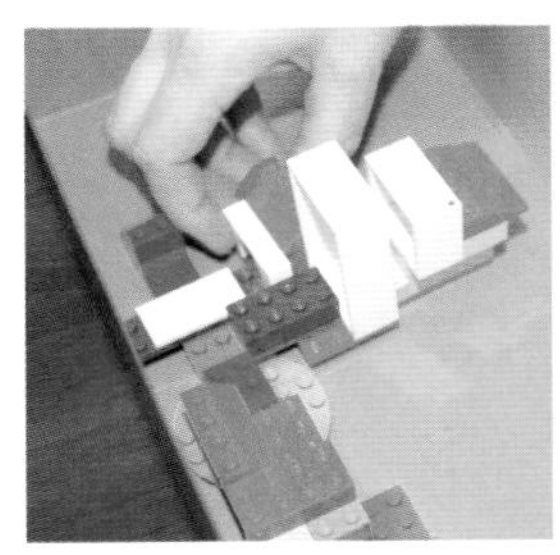

图4：在盒子里做一个崎岖的星球表面。

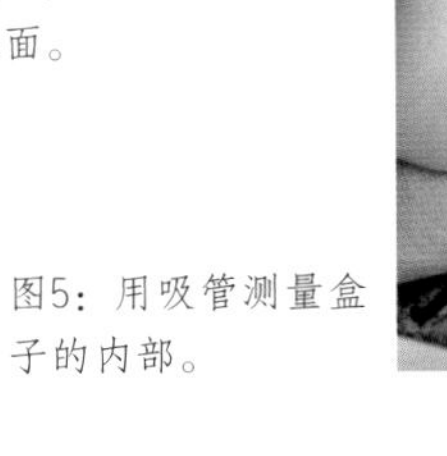

图5：用吸管测量盒子的内部。

科学揭秘

对于太阳系中有些地方，我们无法轻易看到在那里有什么东西。那我们要怎么"看到"那些表面呢？答案就是——雷达。

"雷达（RADAR）"是"无线电侦测和定距（Radio Detection and Ranging）"的代称。雷达系统使用无线电波指向物体表面。无线电波以光速传播，撞击到物体表面后再反弹回来。雷达系统能告诉我们许多信息，比如物体表面的高度、温度，或者它的外形特征。NASA的卡西尼号航天器就使用雷达来研究土星的卫星泰坦星的模糊表面，麦哲伦号航天器也运用了雷达技术来研究被云层覆盖的金星表面。在这个实验中，我们无法发出无线电波或声波，所以用吸管来探明盒内的高低起伏。你可以随意改变盒内的曲面！让你的朋友或家人来挑战这个实验吧，看看他们表现如何！

奇思妙想

观察你对盒内曲面的测量记录。你要如何在一张平平的纸上展现出更高的那些位置？低一点的位置呢？试着只用你记录的网格和测量数据画一张盒内曲面的地图。

实验39 坑坑洼洼的地表

实验用时

15～20分钟

实验材料

- 长20～30厘米、深约10厘米的平底锅
- 报纸（或塑料垫）
- 能填满七八成锅的面粉（具体的量取决于锅的大小）
- 一两瓶彩糖
- 约二分之一到一杯（43～86克）可可粉
- 面粉筛子（或其他网眼细密的过滤器）
- 各种大小的石头或鹅卵石（直径不要大于5厘米）
- 直尺（或卷尺）

安全提示

— 不要用巧克力粉代替可可粉，它与面粉的颜色对比不够强烈，成坑效果不明显。

— 为了便于清理，在室外进行本实验，或者在平底锅下垫上报纸或塑料垫。

让我们看看撞击坑是怎么形成的，以及我们能从中学到哪些关于地表的知识吧！

实验步骤

第1步：将平底锅装入面粉至半满。在面粉上撒一层彩色糖果，完全盖住面粉。（图1）

第2步：用筛子筛一层面粉在糖果层上，将平底锅装至四分之三满。接下来，筛一层可可粉在面粉层上，完全覆盖。现在，锅里装好了四层粉末。从下到上，依次是面粉、彩糖、面粉，最上面是可可粉。（图2）

第3步：扔一块石头到面粉中，你将会看到不同颜色的材料出现，这代表着不同的层面。发生了什么？哪种材料溅得最远？哪种材料没飞多远？（图3）

第4步：试着在同一高度扔下不同大小的石头，用直尺或卷尺记录扔下的高度。不同大小的石头造成的撞击坑有什么不同？然后，在不同高度扔下相同大小的石头，代表不同速度的物体，撞击坑是相同还是不同呢？（如果你的平底锅较小，可能需要重复布置面粉、糖和可可粉。）

图1：在面粉上撒上彩色糖果。

图2：你已经准备好创造出一些撞击坑了！

奇思妙想

你可以在平底锅里尝试装入各种材料代表太阳系中发现的各种不同地表。

地球：同样使用面粉、糖、面粉、可可粉作为地表，在你制造了几个撞击坑后，可以用喷雾器在撞击坑上轻轻地喷一些水，代表随时间变化的天气。当喷了5次，与水相互作用后，撞击坑有什么变化？喷10次呢？再多喷一些呢？

潮湿的火星：将土和水混合成泥，不过不要把它弄成糊状。这代表了：似乎在很久以前撞击发生时，液态水还存在于火星地表之下。用这种地表制造撞击坑试试，看一看：这些撞击坑与其他的有什么区别？

冻结的火星：将平底锅内薄薄一层水冻结一两个小时，然后撒上一层细沙盖住它。这代表了刚好位于火星地表之下的冰，这是我们最近在火星上发现的。你可能得使劲地扔下撞击物来穿过冰层。这些在冻结的火星上的撞击坑与在潮湿的火星上的又有什么区别？

科学揭秘

撞击坑由于太空中的物体撞入一个世界的地表而形成。留下的坑大多是近圆形的。撞击坑的尺寸则取决于诸多因素，比如撞击物体的速度、密度、大小以及撞击角度和受撞地表的密度。（图4）

科学家对研究撞击坑很感兴趣，因为它不止告诉了你撞击事件本身，还展现出了一条研究地表之下内容的道路，而且还不用你自己挖洞！地球上大约有175个已知的撞击坑，更有数不清的撞击坑位于许多其他的星球之上。为什么我们在地球上看到的不多？从地质学角度来说，地球的表面是非常活跃的，而由于板块构造、火山喷发和天气影响，地球表面的岩石在不断变化。与地球大气的摩擦使得许多较小的物体在到达地表前就燃烧殆尽，所以只有较大的物体能撞击地面留下撞击坑。此外，70%的地球表面被水覆盖，这意味着相当一部分到达地表的物体落入了大海中。

图4：这是火星表面一个直径30米的撞击坑，是一次发生在2010年7月至2012年5月间的撞击的结果，表面物质被扔出了15公里之远。

图3：一个到处是洞的地表！

实验40 你愿意在金星上度假吗？

实验用时

2～3个小时

实验材料

→ 2个带盖子的大口玻璃瓶
→ 2个温度计，要能在盖子打开的情况下放入瓶内
→ 橡皮泥（或彩泥）
→ 1勺（14克）小苏打
→ 2勺（30毫升）醋

安全提示

— 本实验须在晴朗日，太阳最高时进行。
— 打开装着小苏打和醋的瓶子时要小心，它们可能会喷到你脸上。因此当你打开瓶子，不要正对着脸，在盖子上垫一条毛巾，非常慢地打开它。为了以防万一，找一名成年人在附近看着！
— 如果你有安全眼镜或护目镜，在打开装着小苏打和醋的瓶子时，戴上它们。

金星是离太阳第二近的行星，但它却是最热的行星。为什么？

实验步骤

第1步：将一个温度计放进玻璃瓶，拧紧盖子。确认你能从外边看到它的度数。用一层橡皮泥密封盖子。（图1）

第2步：将小苏打倒进另一个瓶子，并放入温度计。尽可能快地倒入醋，然后拧紧盖子，让它们都待在瓶子里出不来。用一层橡皮泥密封盖子。（图2）

第3步：将两个瓶子拿到室外，放在阳光下。在2～3个小时的时间里，每过10分钟，出去记录一下两个瓶子内的温度。你发现了什么？（图3）

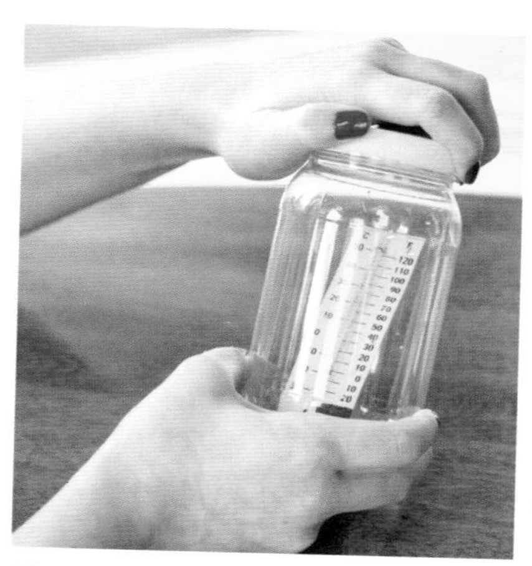

图1：将一个温度计密封在瓶子里。

科学揭秘

你去过温室吗？如果你去过，可能会注意到温室里的空气要比外面热一些。阳光从玻璃或塑料窗内进入温室，然后到达地面。地面散发出的热量被窗户留在室内，使得空气变热。温室能够使室内的空气停留在一个舒适的温度，哪怕外面的气温寒冷入骨。

地球上也有相同的情况。太阳光到达地面，地面散发热量。在地球的大气中，有很多气体能留住热量，比如二氧化碳和甲烷。如果没有温室气体，地球会冷得多。适量的温室气体使得地球适宜居住。

金星完全被云层覆盖着。太阳光穿过云层，到达地面，地面散发热量。金星上的大气比地球多得多，而且几乎都是二氧化碳。这就留存了大量的热量，使得金星的气温高达464℃。大气不断流动，即使是背向太阳的那一面也被加热到了相同的温度。这个实验中，我们通过在瓶子里加入能生成二氧化碳的小苏打和醋，创造了一个“小金星”。比另一个瓶子多出来的那些二氧化碳，已经足够留住更多的热量，使瓶内温度升高。

在水星上，面向太阳的一面温度高达427℃，但它基本没有大气，无法将热量传递到另一面。所以尽管水星比金星离太阳更近，金星却能更好地留存热量并使热空气流动，所以它也更热。

图2：将一个温度计与小苏打和醋一起密封在另一个瓶子里。

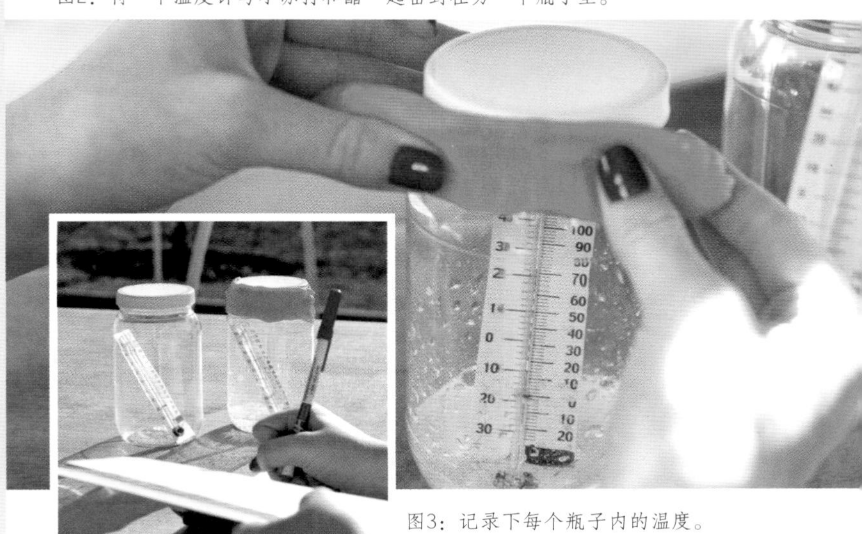

图3：记录下每个瓶子内的温度。

奇思妙想

你可以用2升容积的瓶子和3.75升容积的塑料瓶来做一个温室。网上有许多网站和视频教你怎么做。

可以在网上搜索一些词，比如“瓶子里的花园”（garden in a jar）或者“塑料瓶饲养所”（plastic bottle terrarium）。在瓶子里种植是一个在晚秋、冬天、初春种植植物的好方法，因为那时外界的温度太低，导致无法种植任何东西。试着种些植物，比如罗勒或香菜，比如生菜、菠菜。如果你养了宠物，注意保护你的种植物，以防它们喜欢嚼你的“花园”玩。

实验41 红色行星真的是红色的吗？

我们把火星称为“红色行星”，它真的是红色的吗？

实验用时

3～7天

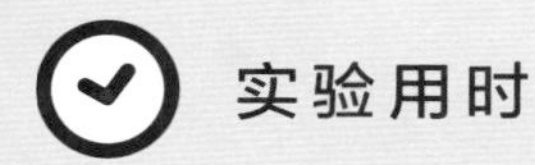

实验材料

→ 1～2个钢丝球
→ 剪刀
→ 2个装有沙子（或小鹅卵石）的容器
→ 装有水的喷壶
→ 保鲜膜

安全提示

— 在大人的帮助下将钢丝球剪成小碎块。这些小碎块非常锋利，使用它们的时候记得戴上厚厚的手套。注意不要刮伤眼睛或皮肤。实验结束后记得洗手。

实验步骤

第1步： 小心地将钢丝球与装在一个容器里的沙子（或鹅卵石）混合，对另一个容器什么也不要做。（图1）

第2步： 用喷壶轻轻地向两个容器内上层的沙子（或鹅卵石）喷水5～7次。（图2）

第3步： 用保鲜膜盖好容器。（图3）

第4步： 每天重复向两个容器内喷水，再将容器盖好。几天之后，比较两个容器内的沙子或鹅卵石。它们有什么不同吗？（图4）

左图中的条带状结构被称为“火星峡谷”（Ma'adim Valles），Ma'adim是火星在希伯来语中的名字。“火星峡谷”看起来像一条干枯的河流，向北一直延伸到位于图片上方的环形山处。这个火山口被称为“古谢夫环形山”（Gusev Crater）。NASA发射的“勇气”号火星探测器于2004年1月在此地着陆。此图由“海盗”号火星探测器于20世纪70年代拍摄。

图片来源： NASA/JPL-Caltech

科学揭秘

提到“红色”的时候，你会想到什么？也许是表示“停止”或“出口”的指示牌，也许是苹果。你见过火星的照片吗？火星的红色和上述事物的红色是一样的吗？答案是否定的。火星被称为“红色行星”，但事实上它并不是亮红色的。火星有一部分是红棕色的，另一部分是灰色的。产生这两种颜色的是同一种矿石，我们称它为“赤铁矿”。两种颜色的赤铁矿本质上是一样的，当灰色的赤铁矿变成小碎块的时候，就会呈现出红棕色。这个实验的容器里产生的铁锈和赤铁矿的成分是类似的。

在很久很久以前，火星也是潮湿的吗？没错！科学家已经发现了很多火星在很久以前存在液态水的迹象，这些证据包括水沟、溪流、温泉和干涸的河床的痕迹。

奇思妙想

你想在地球上看到类似火星的地方吗？试着在网上搜索以下这些地方的图片：

- 加利福尼亚州死亡谷国家公园（Death Valley National Park）的优比喜比火山口（Ubehebe Crater）和火星山（Mars Hill）
- 加利福尼亚州的莫诺湖（Mono Lake）
- 华盛顿州的槽化史卡布地区（Channeled Scablands）
- 夏威夷火山国家公园（Hawai'i Volcanoes National Park）中的火山

做一个关于其中一个地方的旅行指南，内容可以包括这个地方的位置、如何到达、怎样安全地游览该地，以及怎样在那里选择一个类似火星的地点。还有更有趣的事情可以做，用你制作的旅行指南计划并组织一次家庭旅行吧！这就像是一趟去火星的旅行——只不过比那简单得多！

图1：在容器里混入钢丝球。

图2：向两个容器内喷水。

图3：盖好容器。

图4：几天后，两个容器里的沙子看起来有什么不同？

实验 42

寻找火星生命

实验用时

数小时到数天

实验材料

- 3个带盖子的玻璃瓶
- 9杯沙子（或小鹅卵石，容积大约为3.15升）
- 4勺盐（24克）
- 4勺发酵粉（18克）
- 2包干酵母（每包约9克）
- 1个大水瓶
- 1杯糖（200克）
- 3杯温水（710毫升，37℃～43℃）
- 托盘
- 实验日志
- 铅笔

安全提示

— 这个实验要进行两次，所以请留意“实验材料”中所列材料的总量，确保材料够用。

— 给玻璃瓶贴上标签，以便可以很方便地区分它们，例如在第一个玻璃瓶上可以写“盐”，在第二个上写“发酵粉”，在第三个上写“干酵母”。

“海盗”号探测器曾在20世纪70年代搜寻来自火星的生命信号，你猜它找到生命了吗？

实验步骤

第1步： 在每个玻璃瓶中装入350克沙子，在第一个瓶子里加2勺盐，在第二个瓶子里加2勺发酵粉，在第三个瓶子里加1包干酵母，然后盖好盖子。

第2步： 轻轻地摇晃每个玻璃瓶，使刚刚加入的东西与沙子充分混合，然后将盖子打开。（图1）

第3步： 取300毫升温水，加入100克糖，搅拌，直到糖完全溶化。

第4步： 在每个玻璃瓶里加入120毫升糖水。为防止溢出，倒入糖水时可以将玻璃瓶放在托盘上。（图2）

第5步： 每隔1小时观察每个玻璃瓶中发生的变化，并将你看到的变化记录在实验日志上。如果将玻璃瓶放置一夜，第二天再进行观察，会有什么新发现？

第6步： 把瓶子里的沙子都倒掉（询问成年人可以倒在哪里）。将玻璃瓶清洗干净，因为我们要重新做一次这个实验。按照第1步的剂量，把沙子放入3个玻璃瓶里，再分别加盐、发酵粉和干酵母。盖上盖子，轻轻摇晃玻璃瓶。打开盖子，把3个玻璃瓶放入冰箱，冷冻一夜，多放几天更好。取出玻璃瓶，向每个玻璃瓶中加入温糖水。这次你观察到了什么不一样的现象吗？

奇思妙想

干酵母还有很多其他用途，比如做面包。有一种面包叫做“阿米什的馈赠”。与一般的做法不同，制作“阿米什的馈赠”时，我们先将面粉、牛奶、糖和干酵母混合，干酵母与糖反应会产生气体。每隔几天，向其中添加一次牛奶、面粉和糖，一段时间后，面团就可以用来做面包了。你也可以与同学分享这种制作面包的方法，快去试试吧！

图1：摇晃玻璃瓶。

科学揭秘

1976年，NASA的两个探测器——“海盗”1号和“海盗”2号在火星着陆，科学家们希望它们可以帮我们弄清楚，火星表面是否存在生命。即使火星上存在生命，也不会是像我们人类或动物这样的大型生物，而是类似细菌那样的微生物。当我们向土壤中加入化学物质时，如果土壤中有细菌，细菌就会消耗这些化学物质并释放出大量气体；反之，没有细菌的土壤只会释放出少量气体或根本没有气体产生。那两个探测器在火星上发现生命了吗？它们的结果并不一致。其中一个实验探测到了土壤释放出了气体，表明存在生命迹象；但另外两个实验都没有得到任何这样的结果。未来的火星探测器也许最终会回答这个问题：火星上是否存在或曾经存在过生命。

在这个实验中，沙子代表火星的土壤，盐和发酵粉代表火星土壤中不同的化学物质，干酵母代表细菌。在第一次实验中，当温糖水加入玻璃瓶中，干酵母消耗糖并释放出很多气体，直到消耗掉所有的糖。在第二次实验中，玻璃瓶被放入冰箱中模拟火星表面的寒冷环境。

图2：向玻璃瓶中倒入糖水。

冷却晶体

实验用时

数小时或一整夜

实验材料

制作泻盐晶体

→ 小号、深一些的碗
→ 120毫升热水
→ 120克泻盐
→ 食用色素（颜色任意）

制作食盐晶体

→ 小锅
→ 240毫升蒸馏水
→ 无碘盐
→ 1块能放入小锅中的硬纸板
→ 托盘

制作硼酸钠晶体

→ 950毫升清水
→ 1个用于储存食物的玻璃瓶
→ 240毫升硼酸钠
→ 食用色素（颜色任意）
→ 烟斗通条（用来清理烟斗）
→ 长7.5厘米的绳子
→ 1根吸管或1支铅笔

我们可以用日常用品制作好几种晶体！

实验步骤

第1步： 制作泻盐晶体：将泻盐倒入碗中，加入热水和几滴食用色素，搅拌，直到大部分泻盐溶解。碗底可能会残留一些没有溶解的泻盐。将泻盐溶液放入冰箱，几天后取出，你会发现什么呢？（图1）

第2步： 制作食盐晶体：在小锅中将蒸馏水煮沸，慢慢地将食盐加入沸水中并搅拌，直到食盐完全溶解。当你发现锅底出现食盐颗粒，并且搅拌时发出嘎吱嘎吱的声响时，说明食盐溶液已经饱和，这时就可以停止加热了。（图2）

第3步： 在成年人的帮助下，将1块硬纸板浸泡在热盐水中，完成这一步时要十分小心。当硬纸板完全浸透后，将其捞出，放在托盘上，然后把托盘放到室外有阳光的地方。大约几小时后，硬纸板会被晒干，在晒干的硬纸板上，你有什么发现吗？（图3）

第4步： 制作硼酸钠晶体：将清水煮沸，并且小心地将热水倒入玻璃瓶中。往瓶子里加入硼酸钠并搅拌，直到溶液饱和，当溶液达到饱和时，你可以在玻璃瓶的底部发现一些小颗粒，然后加入几滴食用色素。（图4）

图1：制作泻盐晶体

实验 43 冷却晶体（续）

安全提示

— 确保在成年人的帮助下完成这个实验，尤其是在使用热水或煮沸清水的过程中，一定要多加小心！

— 泻盐晶体和硼酸钠晶体都是不能食用的，千万不要吃掉它们！食盐虽然可以食用，但食盐晶体太咸了，最好也不要吃。

— 制作食盐晶体的时候要使用“无碘盐”，也就是不含碘的食盐。

— 泻盐和硼酸钠粉末在药店和杂货店可能可以买到。

第5步：将烟斗通条的一端扭成你喜欢的形状，不过要确保它能够伸进玻璃瓶里面。拿出准备好的绳子，将其一端系在通条上，另一端系在吸管（或铅笔）上。这样一来，我们既可以将烟斗通条放入玻璃瓶中，又可以使它不接触到玻璃瓶的底部。将放入通条的玻璃瓶静置几天，不要触碰或者移动它。几天后，你可以在玻璃瓶中看到什么现象呢？

图2：制作食盐晶体。

科学揭秘

如果你生活的地方在冬天会下雪，可以收集一些雪花并近距离地观察它们，你会发现雪花也是晶体！晶体是硬态材料，晶体中的分子或原子按照一定规则排列，宏观上会呈现出许多有趣的形状。食盐晶体通常是立方体状的，而泻盐晶体则是针状的，其他种类的晶体也都形状各异。

矿物也是晶体，这些矿石晶体中蕴含着丰富的信息。地壳中最古老的部分是锆石晶体。陨石中也含有许多不同种类的晶体，通过对它们的研究，我们可以看到太阳系早期的样子。探测器在火星上发现了另一种晶体——石膏晶体，这一发现说明火星上曾经存在温泉。因为温泉干涸后就会在岩石中留下石膏晶体。通过研究这些矿石晶体，我们可以对太阳系中天体的表面有更多的了解。

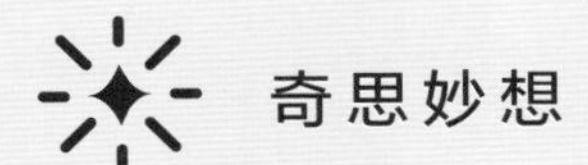

奇思妙想

有很多种制作蔗糖晶体（也称为冰糖）的方法。在网上或者书中寻找一种方法，在成年人的帮助下试着制作一些冰糖吧。那些制作硼酸钠晶体时剩下的硼酸钠固体也有用，有很多种使用它们制作黏液的方法。虽然黏液不能食用，但制作的过程还是充满了乐趣的！

图3：将硬纸板浸入盐水中。

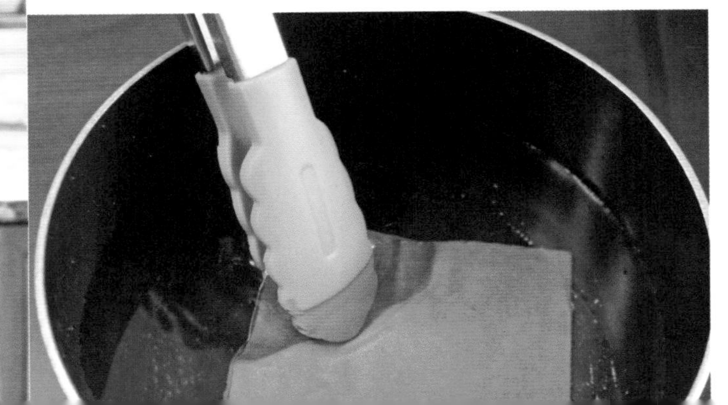

图4：制作硼酸钠溶液。

手绘太阳黑子

实验用时

每天10分钟

实验材料

→ 实验日志和铅笔
→ 1张白色复写纸（半透明）
→ 标签
→ 实验14中制作的小孔成像仪（见第44页）

安全提示

— 在一个极好的天气完成这个实验。
— 在一天中太阳高度达到最高的时候进行这个实验，确保每天进行观测的时间大致相同。
— 不要直视太阳！也不要使用小孔成像仪直视太阳！如果你这么做了，即使时间非常短，也会对你的眼睛产生伤害，甚至致盲。
— 当你观察太阳的图像时，可能需要别人帮你拿着小孔成像仪。

你可以看到太阳上面最大号的黑子，快去试试吧！

实验步骤

第1步： 使用实验日志记录每次观测。首先，复习实验16（第50页）中观测太阳的方法。在那个实验中，你使用自己制作的小孔成像仪测量了太阳的大小。将复写纸盖在实验16中绘制的太阳草图上，在复写纸的一角描出太阳的外轮廓。在同一张复写纸上描出多个太阳的轮廓，最好让它们横竖排列整齐，并给每个轮廓都加上标签。用复写纸多复印几次，把它们放进你的实验日志里，这样你就可以进行许多次观测了（实验45中也会用到1～2张复写纸）。（图1）

第2步： 选择一个阳光明媚的日子，使用小孔成像仪观测太阳。盒内的白屏上会显示出太阳的图像。（图2）

第3步： 慢慢地移动盒子。如果你发现小黑点伴随着盒子的移动也在移动，这时就可以停止移动，并将它们描到复写纸上；如果小黑点不动，那它们可能只是复写纸上的污点，可以忽略掉。（图3）

第4步： 你可以连续几天、几周甚至几个月重复观测，并记录尽可能多的太阳黑子。对每次观测做好说明，尤其是观测时间。经过一段时间的观测后，回头查看一下这些你在不同时间做的观测，有什么发现吗？

奇思妙想

烘培一些你喜欢吃的蛋糕或曲奇饼。你可以使用不同颜色的糖衣、糖霜或糖果将它们装饰成太阳图像的样子。想要找到太阳最新的照片，你可以登陆“NASA太阳动力学观测站”（NASA’s Solar Dynamic Observatory）网站。试着做尽量多的曲奇太阳。

图1：准备好你的笔记本。

图2：使用小孔成像仪观测太阳。

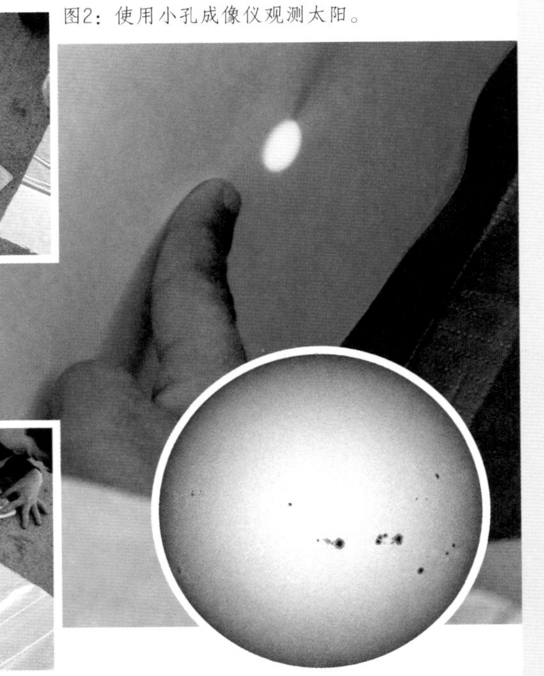

图3：如果看到了黑子，就将它们描到笔记本上。

2014年7月8日的太阳，上面有几个非常大的太阳黑子，大部分太阳黑子的个头都要比它们小得多。

图片来源： NASA 太阳动力学观测站

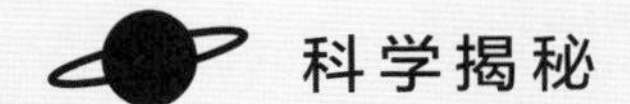

科学揭秘

早在公元前28年，中国古代天文学家就已经开始对太阳黑子进行观测。伽利略和天文学家托马斯·哈利奥特（Thomas Harriot）是最早使用望远镜对太阳黑子进行观测的人。有传闻说，伽利略因为观测太阳而致盲。这纯属谣言！伽利略的确观测了太阳，但他只在日出或日落时进行观测，或是观察太阳在墙上的投影。伽利略并没有直接使用望远镜观测太阳，如果他那样做了，眼睛立马会被烧毁。伽利略和哈利奥特描绘出了他们观察到的黑子。伽利略晚年的确失明了，但那可能只是某种眼部疾病导致的。

太阳黑子是太阳表面温度较低的一些区域。太阳表面绝大多数区域的温度约为5500℃，但黑子区域的温度只有3700℃左右。因为温度比周围区域低，因此黑子看起来会暗一些。黑子可以在太阳表面存在几天、几周，甚至几个月，平均有行星那么大。太阳黑子的出现具有周期性规律：出现大量黑子——数量开始减少——最终在太阳表面完全消失。这个周期约为11年。你可以使用小孔成像仪看到太阳表面最大的黑子，但对于为数众多的小号黑子，你手中的小孔成像仪就无能为力了。在进行观测前，你可以先看看这个网站：spaceweather.com，确定当天太阳黑子是否可见。如果你能看到一些，试着用你的小孔成像仪找到它们。如果连续几天、几周，甚至几个月都看不到太阳黑子，也不要惊讶，太阳表面并不总是存在黑子的！

旋转的太阳

实验用时

每天10分钟

实验材料

→ 实验14中制作的小孔成像仪（见第44页）
→ 实验日志和铅笔
→ 画着多个太阳轮廓的复写纸1张，在实验44中制作过（见第120页）

安全提示

— 每次你都需要在一个好天气进行观测。
— 在一天中太阳高度最高的时候进行这个实验，确保每天进行观测的时间都差不多。
— 不要直视太阳！也不要使用小孔成像仪直视太阳！这么做在极短时间内就会对你的眼睛造成伤害，甚至致盲。
— 当你观察太阳的图像时，可能需要别人帮你拿着小孔成像仪。

经过自己的观测，你会发现太阳的确是在旋转的！

实验步骤

第1步： 选一个晴朗的日子，将小孔成像仪的末端的小孔对准太阳，你会在盒内的白屏上看到太阳的图像。（图1）

第2步： 慢慢地移动盒子，如果你发现太阳图像上的一些小黑点伴随着盒子的移动也在移动，停下来，并将它们描到复写纸对应的位置上。（图2）

第3步： 你可以通过自己的观测记录太阳黑子，也可以在spaceweather.com这个网站上查找当天太阳黑子的位置。坚持每天记录太阳黑子的位置，维持30天左右，只要太阳黑子是可见的，哪怕只出现了几天。把这些记录在你的实验日志上，尤其是你自己观察的日期。过一段时间再看你的观察记录，你发现了什么？

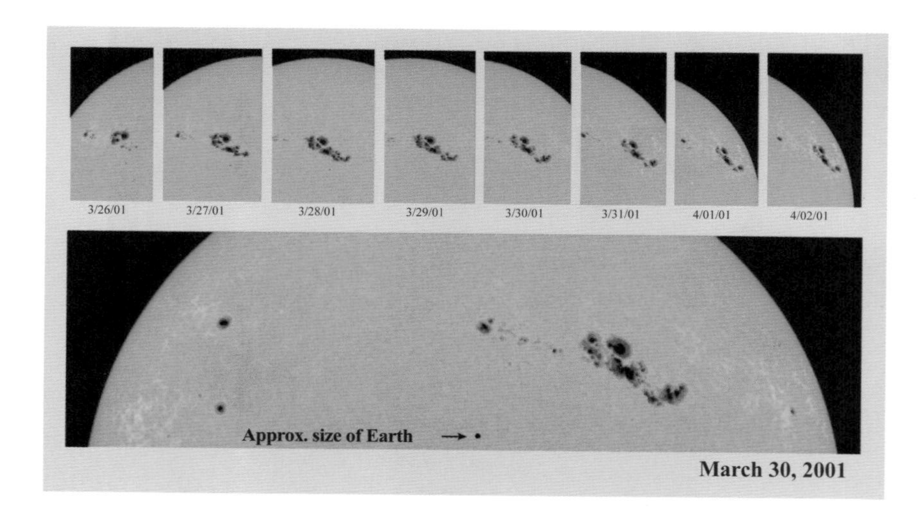

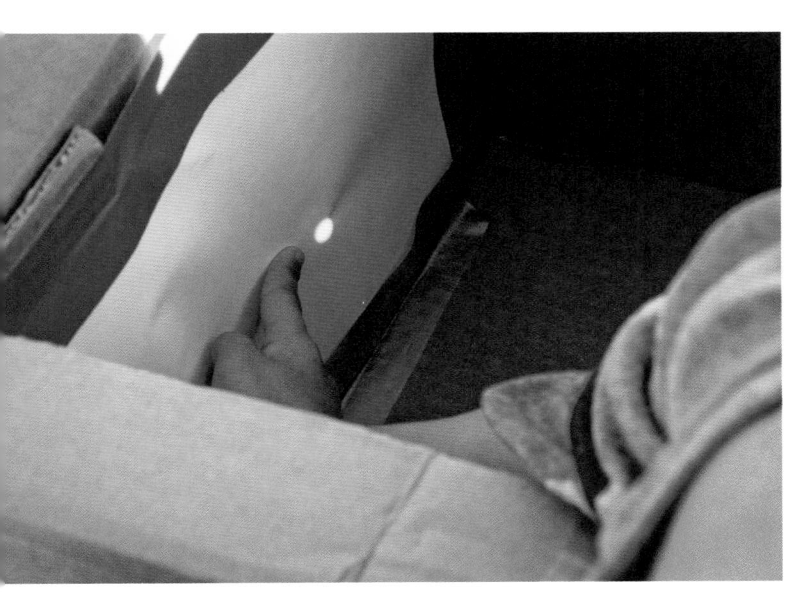

图1：将你的小孔成像仪对准太阳。

图2：记录太阳黑子的位置，尽量坚持每天连续观测。

◀ 左侧这一系列照片是 SOHO 空间望远镜从 2001 年 3 月 26 日至 4 月 2 日进行拍摄的。从图中你看出太阳黑子的移动了吗？

图片来源： SOHO/MDI consortium。

SOHO 是欧洲航天局和美国国家航空航天局的一个国际合作项目。

科学揭秘

地球每23小时56分钟自转一周，火星自转一周的时间比地球稍长，一个火星日约为24小时37分钟。木星更快，每9小时55分钟就可以自转一周，自转速度是地球的两倍多。金星自转速度非常慢，自转一周需要5,832小时，相当于243个地球日！

我们的太阳也会旋转！太阳由炽热的气体组成，虽然也有一个“表面”，但那跟坚实的地表不一样，你并不能站在上面。由于太阳没有固态的表面，因此太阳的不同部分自转的速度是不同的。接近赤道的位置旋转一周需要25个地球日，而南北两极旋转一周则需要36个地球日。我们可以通过观测太阳黑子位置的变化，来观察太阳的自转。

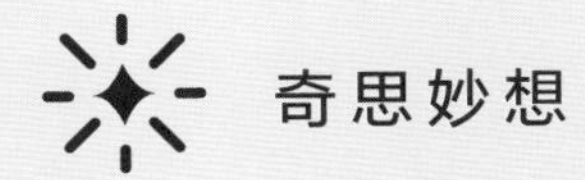

奇思妙想

如果你成功地进行了一个月的观测，那么你将会有很多张太阳的轮廓图，或者你可以从网站上下载多日的太阳图片。可以将这些图片做成一本翻页书，在翻动的过程中，你能看见太阳黑子的移动吗？

ORION.
Taurus.
Gemini.
Monoceros.
Cetus.
Eridanus.
Canis Major.
Lepus.
Fig. QQ.
Æquator.
Æquator.
Ecliptica.
Longitudo.
Longitudo.
Via
Lactea.

单元 6 看星星

仰望星空，陷入沉思，这是人们几千年来一直在做的事情。对人们来说，星空的用处有很多。大人给孩子们讲星星的故事，教导他们重要的人生经验；早在GPS出现之前，人们已经凭借对天空和海洋的认识在太平洋上航行。人类与天空密不可分，星辰已经成为了每个人生活中的一部分，不同的人通过不同的方式与天上的星星相联系。

1922年，天文学家将整个星空分为了88个星座，就像在一张地图上分出了88个区域一样。每颗星星都只属于一个星座。这样一来，所有的科学家都使用同一张星图，他们所做的研究能更好地被其他人所了解。

在夜晚寻找星座不是一件容易的事情，刚开始也许会让你感到非常困惑。但如果你先从寻找一些著名的恒星入手，比如北斗七星或是猎户腰带，那么接下来的事情就会变得容易得多了。去试一试，开启你认识星空的旅程吧！

这是一幅1690年绘制的猎户座图片。图中的猎户座和我们真正在星空中看到的稍有不同。有什么不同呢？完成实验49（见第132页）后，相信你就会找到答案了。

图片来源： Johannes Hevelius

在春季星空中寻找北斗七星和北极星

让北斗七星开启你探索星空的历程！

实验用时

10分钟

实验材料

→ 实验日志
→ 铅笔

安全提示

— 在户外观测星空的时候要注意安全，确定你所在的地方是安全的。穿上反光的或是颜色鲜艳的衣服，这样其他人就可以看到你。
— 如果要去郊区较黑的地方，记得让成年人联系当地的警察局，让当地的警察知道你们在哪里，以及在做些什么。在没有得到许可的情况下，不要踏入私人的领地。要遵守当地的法律法规。一些公园在太阳落山后会关闭，你需要注意这一点。
— 如果在户外待很长时间，可能会感冒，即使当时并不太冷。要穿得舒服些。
— 最好在5月进行这个实验。

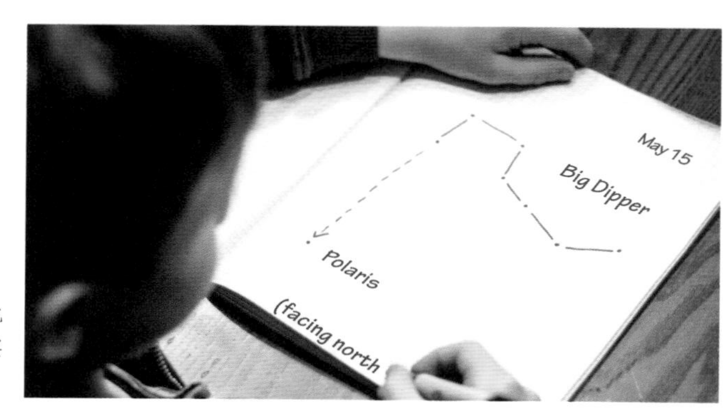

图2：将北极星和北斗七星描在你的实验日志上。

实验步骤

第1步： 选择五月的一天，在太阳落山后1小时来到室外，面向北方站好。如果你无法确定方向，可以在白天使用实验3（见第18页）中的方法找到北方。当然，你也可以使用指南针。

第2步： 抬头望向天空，北斗七星就倒挂在你的面前！7颗星组成了一个勺子的形状，勺头在左侧，勺柄在右侧。在看到北斗七星后，将它的草图画到你的实验日志上。（图1）

第3步： 保持站立方向不变。试着找出位于右侧的北极星的勺柄和位于左侧的形成勺头的4颗星。再找到勺头最左端的2颗星，在它们之间连一条直线，并向着勺子开口的方向延长这条直线。在这条直线的延长线上，下一颗你看到的星星就是北极星了！找到北极星后，把它也描到你的实验日志上。（图2）

奇思妙想

有许多关于星图和星座的书籍。你也可以用智能手机下载手机应用，来查看夜晚的星空。使用这些资源来组织一次家庭星空聚会吧！可以鼓励每一个家庭成员参加，确保大家着装合适，带好防虫喷雾和实验日志。还有，别忘了热饮和食物。尽可能多地到户外看星星，慢慢地你就能学会如何探索星空了。

你可以去发现北斗七星的其他名字。例如，在一些地方，人们把这7颗星想象为“犁”或“四轮马车”的形状。这七颗星还有其他的名字吗?

图1：在北方的天空中寻找北斗七星。

科学揭秘

北斗七星是人类最早发现的星群之一，它的形状就像一个带把的汤勺。在寻找北斗七星的过程中，不要担心你无法立刻找到它们。找星星是一件熟能生巧的事。北斗七星是一个更大的星座的一部分，人们把这个星座称为大熊星座。大熊星座中其余的恒星都比北斗七星暗，因此很难看见它们。

你发现了吗，北极星并不是很亮。你的感觉是对的，它确实不属于最亮的一类恒星。天空中约有40颗恒星比北极星亮。北极星之所以重要，是因为我们地球的北极差不多就指向那里。恒星随着地球的自转东升西落，它们看起来就像是在围绕着北极星旋转一样。而北极星，则一动不动地待在原地。在春季，太阳落山后大约1小时，北斗七星会出现在北方的高处；如果是夏季，太阳落山后1小时，北斗七星会出现在西北方，勺头指向下方；在秋季，北斗七星仍然会出现在北方，但高度会很低，勺头指向右侧；而在冬季，北斗七星会出现在东北方，像一个立起来的勺子。

所处位置不同，你看到的天空也会不同。如果你生活在很南的地方，北方天空中的星星高度会变得很低；而生活在很北的地方的人们，则会看到这些星星在很高的地方。

实验47 寻找“夏季大三角”

实验用时

10分钟

实验材料

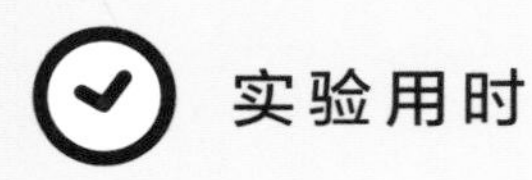

→ 实验日志
→ 铅笔

安全提示

— 在户外观测星空的时候要注意安全，确定你所在的地方是安全的。穿上反光的或是颜色鲜艳的衣服，这样其他人就可以看到你。
— 如果要去郊区较暗的地方，记得让成年人联系当地的警察局，让当地的警察知道你们在哪里，以及在做些什么。在没有得到许可的情况下，不要踏入私人领地。要遵守当地的法律法规。一些公园在太阳落山后会关闭，你需要注意这一点。
— 如果在户外待很长时间，可能会感冒，即使当时并不太冷。要穿得舒服些。
— 最好在9月进行这个实验。

夏季星空中最亮的3颗星会排列成一个巨大的三角形！

实验步骤

第1步： 在太阳落山后2小时来到室外，面向南方站好。如果你不知道哪个方向是南方，可以在白天使用实验3（见第18页）中的方法确定方向。当然，你也可以使用指南针。（图1）

第2步： 在接近头顶的方位，你会发现3颗非常亮的星星，它们在天空中排列成一个巨大的三角形。当你找到它们后，把它们的位置描在你的实验日志上。（图2）

第3步： 现在来检测一下你观测星空的能力。接下来试着找一找北斗七星。面向北方站好，你会在西北方（北方偏左）找到北斗七星。你看见它们了吗？勺头在下，勺柄指上。

第4步： 下面我们来找另一颗星星。在西北方找到北斗七星后，你会发现勺柄是弯曲的，它像是一个圆的一部分。沿着勺柄弯曲的方向向南延伸，直到你看见另一颗很亮的星星。它看起来有一点橙色，这颗星就是大角星。如果你找到了大角星，记得将它的位置画到你的实验日志上。（图3）

图1：来到室外，仰望星空。

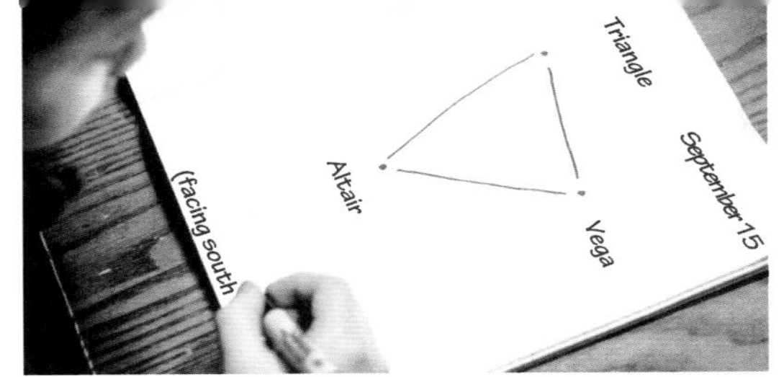

图2：画出夏季大三角。

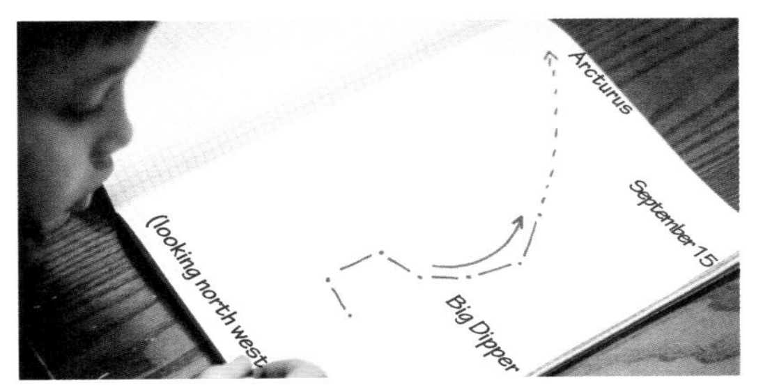

图3：沿着弧线找到大角星。

奇思妙想

大角星的名字来自于一个古希腊单词“arktos”，这个单词的意思是“熊”。大角星的希腊名字是“Arctouros”，意为“看守熊的人”。看看星空，大角星像不像正在看守大熊星座（记住，北斗七星是大熊座的一部分）？“北极”这个词同样来自于希腊语中的“熊”。天空中许多非常亮的星星都有很有意思的名字。可以找找“大角星”、“织女星”、“牛郎星”和“天津四”在其他国家有哪些不一样的名字，还有这些名字背后的故事。你还可以将其中的一些故事画出来。

科学揭秘

由于地球围绕太阳公转，在不同的季节我们将看到不同的星星。夏夜星空拥有非常多的亮星。大三角中，最南边的那颗星就是牛郎星。另外两颗星比牛郎星更偏北一些，右侧（西方）的是织女星，左侧（东方）的那颗叫做天津四。组成“夏季大三角”的3颗星来自于3个不同的星座，牛郎星是天鹰座中最亮的星；织女星是天琴座中最亮的星；天津四是天鹅座中最亮的星。这三个星座中其他的恒星都没有这么亮，因此更难找些。但由于这三颗亮星，我们很容易找到“夏季大三角”。之所以称它为“夏季大三角”，是因为在夏季和初秋太阳落山后，这三颗星会出现在天空中很高的地方。

星座就是一群组成特定图案的星星，这些图案是由点线组成的。你试过找到那些组成了“竖琴”图案的恒星吗？很难找，对不对？即使你完全看不出“竖琴”、“雄鹰”或是“天鹅”的图案，也不必担心，有太多的人也看不出来。许多星座实际的图案看起来都和它们的名字不太一样。把星座想象成你自己看到的图案吧，这没什么不可以的。

实验48 在秋季星空中寻找飞马座

日常生活中的马并不是方形的，对吧？但是，我们要在星空中寻找的这匹“飞马”，它就是方形的！

实验用时

10分钟

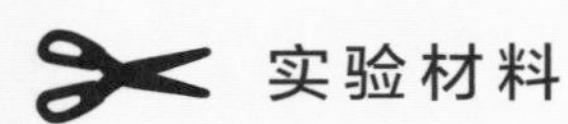

实验材料

→ 实验日志
→ 铅笔

安全提示

— 在户外观测星空的时候要注意安全，确定你所在的地方是安全的。穿上反光的或是颜色鲜艳的衣服，这样其他人就可以看到你。
— 如果要去郊区较黑的地方，记得让成年人联系当地的警察局，让当地的警察知道你们在哪里，以及在做些什么。在没有得到许可的情况下，不要踏入私人的领地。要遵守当地的法律法规。一些公园在太阳落山后会关闭，你需要注意这一点。
— 如果在户外待很长时间，可能会感冒，即使当时并不太冷。要穿得舒服些。
— 最好在5月进行这个实验。

实验步骤

第1步： 在太阳落山后3小时来到室外，面向南方站好。如果你不知道哪个方向是南方，可以在白天使用实验3（见第18页）中的方法确定方向。当然，你也可以使用指南针。（图1）

第2步： 抬头望向星空，在天空高度大约一半的位置，你能找到4颗排列成正方形的星星。当你找到它们后，就把它们画到你的实验日志上。（图2）

第3步： 下面我们来找一找实验47（见第128页）中的“夏季大三角”。面向西方，在半空中你会看到3颗明亮的星星。高度最高的是天津四，下面两颗星，左边的是织女星，右边的是牛郎星。（图3）

第4步： 现在，转向北方，找一找实验46（见第126页）中的北斗七星。这个时候的北斗七星高度很低，接近地平线。勺头在右侧，勺柄在左侧。你看见它们了吗？（如果你生活的地方很偏南，也许北斗七星就落在地平线之下了，这样的话你就无法找到它们了。）

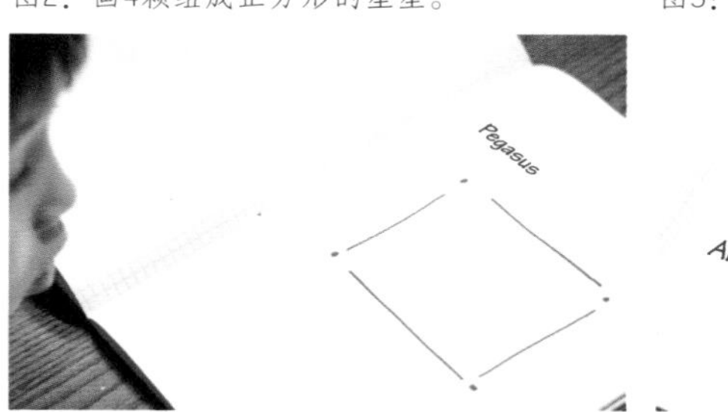

图2：画4颗组成正方形的星星。

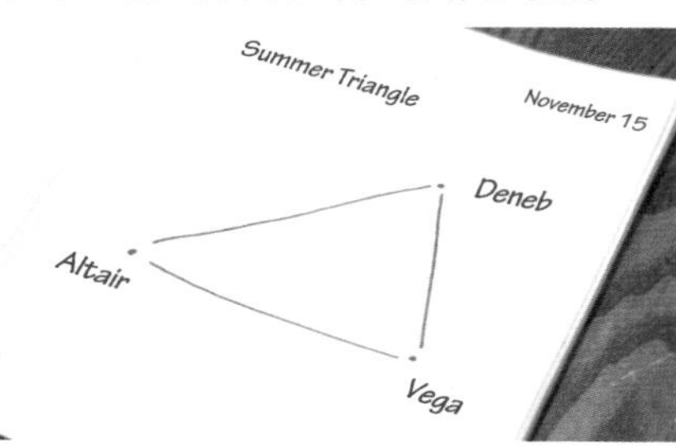

图3：画出“夏季大三角”并标出它们。

奇思妙想

用戏剧的方式表演飞马座、仙女座以及其他星座的故事吧。可以穿上服装、带好道具，在你的家人面前进行表演。如果有可能，让他们也加入表演吧！

图1：来到室外，面向南方。

科学揭秘

天空中的这个正方形是什么？你能相信它代表了一只飞马吗？它就是飞马座。在一些画作中，这个正方形被想象成了飞马的身体；而在另一些画作中，它则是飞马的翅膀。并没有一个统一的画法，这些想象都不算错。

秋季星空中星座众多，还有一个关于它们的神话故事：在很久很久以前，有一位美丽的公主，她的名字叫安德洛梅达。她的父亲是国王克普斯，母亲是王后卡西奥佩娅。一天，卡西奥佩娅一边看着镜子中的自己，一边自言自语道“我真是这个世界上最美的女人”。由于她的声音太大了，这话被一群海妖听到了。她们是江河湖海的守护者，并坚信她们才是世界上最美的一群女人。于是海妖们怒气冲冲地找到了海神涅普顿，并请求涅普顿惩罚卡西奥佩娅。于是涅普顿用海水将安德洛梅达公主束缚在了岩石上，并让海洋之母塞特斯吃掉公主。人们聚集在海边等待塞特斯的到来，同时为美丽的公主哭泣。当塞特斯出现并游向公主的时候，天空中出现了一个小灰点，并且越来越大。人们终于看清了，原来是骑着飞马帕尔索斯的宙斯之子——珀尔修斯！塞特斯跃出水面并扑向公主，在这千钧一发之际，珀尔修斯从口袋中取出了美杜莎的头颅（任何直视美杜莎眼睛的生物都将变为石头，译者注），塞特斯看见了美杜莎的眼睛，瞬间变为了石头。塞特斯落入水中，从此再无人见过。珀尔修斯救下了安德洛梅达，他们从此过上了幸福的生活。

在冬季星空中寻找猎户座

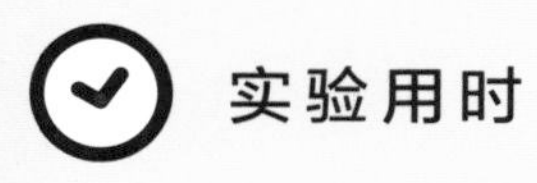

实验用时

10分钟

实验材料

→ 实验日志
→ 铅笔

安全提示

— 在户外观测星空的时候要注意安全，人确定你所在的地方是安全的。穿上反光的或是颜色鲜艳的衣服，这样其他人就可以看到你。
— 如果要去郊区较暗的地方，记得让成年人联系当地的警察局，让当地的警察知道你们在哪里，以及在做些什么。在没有得到许可的情况下，不要踏入私人领地。要遵守当地的法律法规。一些公园在太阳落山后会关闭，你需要注意这一点。
— 如果在户外待很长时间，可能会感冒，即使当时并不太冷。要穿得舒服些。
— 最好在2月进行这个实验。

冬季星空中有著名的猎户座。首先找到它的“腰带”，然后你就可以找到余下的部分了！

实验步骤

第1步： 在太阳落山后2小时来到室外，面向南方站好。如果你不知道哪个方向是南方，可以在白天使用实验3（见第18页）中的方法确定方向。当然，你也可以使用指南针。

第2步： 在半空中你可以看到3颗排成一列的星，左边的那颗要比右边的那颗低一些。看到它们后，就把它们画到你的实验日志上。（图1）

第3步： 在这三颗星的上方，你能看到2颗很亮的星星。相比于右边那颗，左边的星星看起来是橙色的。

接下来，在这三颗星的下方找到另外两颗亮星，右侧的那颗比左侧的蓝一些。这七颗星星中，三颗排成一条直线，两颗在上，两颗在下，看起来就像是一个侧过来放的蝴蝶结。把它们的位置都画在你的实验日志上吧。（图2）

第4步： 接下来我们试着找一下实验48（见第130页）中的四边形“飞马”。面向西方，在非常低的位置你可以找到这个大四边形，它现在的样子就像是整个四边形立在了它的一个顶点上。（图3）

第5步： 现在，面向北方找到实验46（见第126页）中的北斗七星。此时的北斗七星会立在东北方的天空中，勺头在上，勺柄在下。

奇思妙想

在一些地方，这个星座被叫做猎户座，但其他地方的人们并不这样称呼它。试着找出在其他文化中，人们是怎样称呼猎户座的。最好能把你的发现用抽象画的形式展现出来。

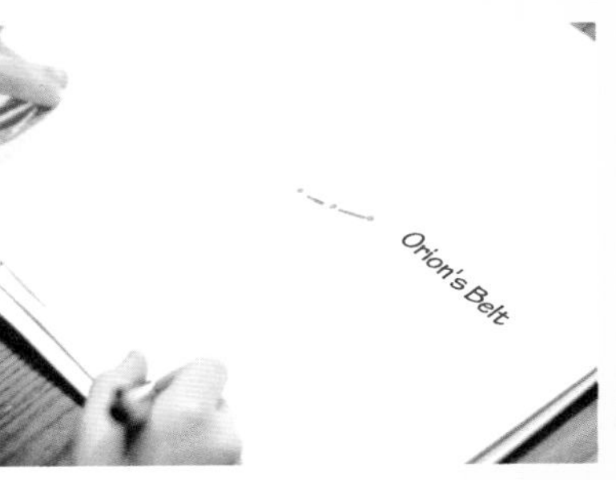

图1：把排成一排的那3颗星画到你的笔记本上。

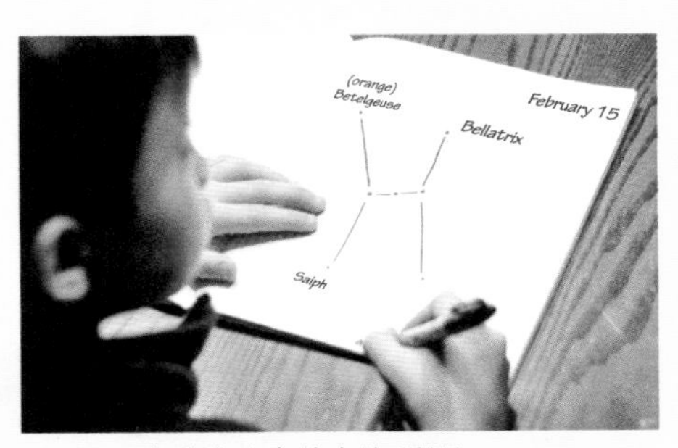

图2：画出猎户座中其余的4颗星。

图3：来到室外，试着找一找那个四边形“飞马”。

科学揭秘

这个“蝴蝶结”是个什么东西呢？它就是猎户座。许多人都听过猎户座的大名，其中的恒星非常明亮。那三颗排成一排的恒星被称为“猎户的腰带”。“腰带”左上方的那颗橙色的恒星被称为参宿四，右上方那颗星的名字是参宿五。参宿四和参宿五组成了“猎户的双肩”。“腰带”左下方的是参宿六，右下方的蓝白色恒星是参宿七。

许许多多的人都可以看到猎户座中的这七颗亮星。在2月，北半球处于冬季，南半球处于夏季。在冬季的北极，“猎户的腰带和双肩”在地平线上下来回运动，但“猎户的双膝”却处于地平线之下，不能被看到。你所在的地方越偏南，猎户座在天空中的位置越高。在美国，猎户座的位置在半空中。在赤道，猎户座由东方升起，运行轨迹经过天顶，并在西方落下。赤道的更南边是夏季，猎户座会越来越低。你向北方看的时候，它有可能是倒立着的！

冬季星空巡礼

依靠猎户座，你可以发现许多其他的星星！

实验用时

10分钟

实验材料

→ 实验日志
→ 铅笔

安全提示

— 在户外观测星空的时候要注意安全，确定你所在的地方是安全的。穿上反光的或是颜色鲜艳的衣服，这样其他人就可以看到你。
— 如果要去郊区较暗的地方，记得让成年人联系当地的警察局，让当地的警察知道你们在哪里，以及在做些什么。在没有得到许可的情况下，不要踏入私人领地。要遵守当地的法律法规。一些公园在太阳落山后会关闭，你需要注意这一点。
— 如果在户外待很长时间，可能会感冒，即使当时并不太冷。要穿得舒服些。
— 最好在2月进行这个实验。

实验步骤

第1步： 在太阳落山后2小时来到室外，面向南方站好。如果你不知道哪个方向是南方，可以在白天使用实验3（见第18页）中的方法确定方向。当然，你也可以使用指南针。（图1）

第2步： 在半空中试着找到组成“猎户腰带”的3颗星，左侧的星星会比右侧的那颗低一些。在“腰带”的右上方，你会看到1颗橙色的星星，那就是毕宿五。毕宿五和其他恒星组成了一个“V”字型的星团，这就是毕星团。毕星团右侧勺子状的小星团被称为昴星团， 也叫“七姐妹星”。把这些都画到你的实验日志上。（图2）

第3步： 回到“猎户腰带”，沿着“腰带”方向向左下方延伸，你会看见一颗特别明亮的星星，它就是天狼星。把天狼星也画到你的实验日志上。（图3）

第4步： “猎户腰带”的上方有2颗亮星，它们是参宿四和参宿五。在它们的右侧还有一颗亮星，叫做南河三。南河三、参宿四和天狼星在天空中组成了一个巨大的三角形，南河三和参宿四在上方，天狼星在下方。把这个“冬季大三角”也画到你的实验日志上吧。（图4）

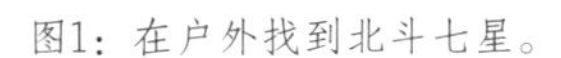

图1：在户外找到北斗七星。

图2：把毕星团和“小勺子”昴星团画到实验日志上。

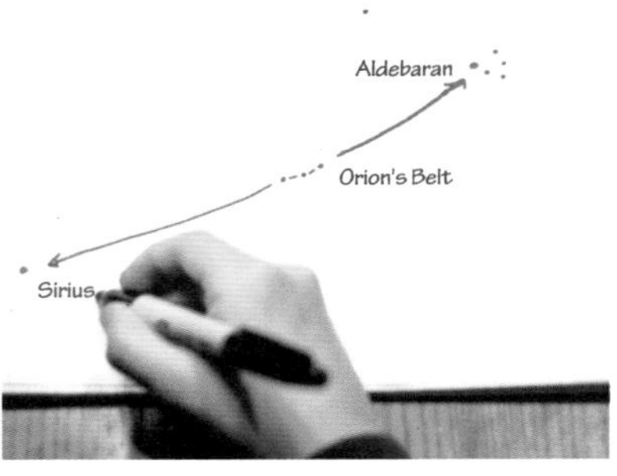

图3：描画天狼星。

图4：记录冬季大三角。

奇思妙想

昴星团常被称为七姐妹星。数个世纪以来，人们都喜爱通过昴星团来检验自己的视力。大多数人能够看到4～6颗星，一些视力极好的可以看到8～10颗星，视力最好的人可以看到13～14颗星。试试看，你可以看见多少颗星。把你能看到的星星画下来，并和昴星团的图片作比较。另一颗常用来检测视力的恒星是北斗七星勺柄上的最后一颗星——开阳星。在它旁边有一颗距离非常近的恒星，叫做埃尔克。你能看见它吗?

科学揭秘

先找到天空中的一些恒星，根据这些恒星再找到其他恒星，这是着手认识星空的好方法。你发现了吗，很多恒星看起来都带有颜色。比如橙色的参宿四和毕宿五，白色的天狼星。你看到的这些颜色是有意义的，你可以通过恒星的颜色来了解它们的表面温度。红色和橙色的恒星温度最低，黄色和白色的恒星温度稍高，蓝白色和蓝色的恒星温度是最高的。所以，不要期望你能看到一颗红色的参宿四了。这些恒星的颜色使你感到意外了吗？我们使用红色来表示热，蓝色表示冷，但对于恒星来说颜色和温度的关系却是相反的。红色代表低温，而蓝色代表高温。毕宿五是金牛座中最亮的恒星。天狼星是夜空中最亮的恒星，它属于大犬座。南河三则是小犬座中的一颗恒星。

春夜的狮子座和仙后座

北斗七星可以帮助我们找到更多的星座！

实验用时

10分钟

实验材料

→ 实验日志
→ 铅笔

安全提示

— 在户外观星时要注意安全。要确保自己位于安全地带。可以穿着反光或亮色服装以便其他人看到你。

— 如果你到了城外的黑暗地区，要让成年人打电话给当地警察通报你的位置和正在做的事情。不要未经允许进入私人领地。要遵守当地法律法规。注意很多地方夜间不能开车。

— 如果在户外待的时间过长，要注意保暖，穿着舒适。

— 这个实验最好在5月完成。

实验步骤

第1步： 5月的一天，在日落后大约1小时到户外去，面向北方。如果你不确定哪里是北方，请在白天完成实验3（见第18页）或使用指南针。

第2步： 抬头往上看，北斗七星就倒挂在你的头上。北斗中的勺子在左侧，勺柄在你的右侧。现在，转身面朝南方，仰起头。此刻，北斗的勺子在你的右侧，而勺柄在左侧。完成后，立即在实验日志上做记录。（图1）

第3步： 现在，保持面朝南方。想象北斗七星的勺子部分充满了水，勺子中凿开一个洞，所有的水都从洞里流光，成为更多的星。狮子座右侧像是一个反着画的大问号，左侧是一个小三角。反着画的大问号是狮子座的“头”和“脖子”，小三角形是狮子座的“后腿”和“尾巴”。一旦你找到狮子座，立即在实验日志上做记录。（图2）

第4步： 接下来，再次转身面向北方。看着北斗七星，将勺柄最远处的2颗星连起来，一直延长到北极星。一直往下画，略微偏左一点，直到看到一个W型的星座。这个W型看起来偏左，就像是Σ，这就是仙后座。在你的实验日志上画下仙后座的样子。（如果你生活的地方在遥远的南方，仙后座可能落到地平线下方，不容易看得见。）（图3）

奇思妙想

尝试做出你自己的天文馆，方法有很多种，但需要确定有成年人在旁边协助。可以利用星座的图书或网上的图片选择你想做的星座。拿一些纸杯在底部戳上一些小洞代表不同星座。把一支手电照进纸杯，让“星光”照射在天花板上。你还可以用大奶粉罐和明亮的LED灯或大手电做一个更大的天文馆。网上有一些制作过程的视频，你也可以用闪光的小星星或假日彩灯来制作星座。用你的想象力制作一个室内的天文馆吧！

图1：到户外找北斗星。

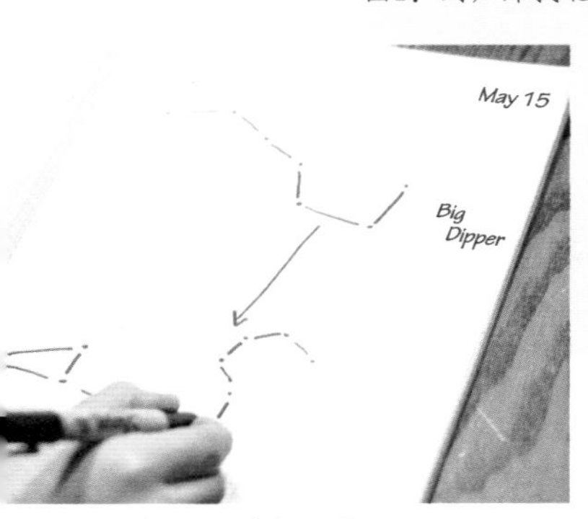

图2：画出狮子座。

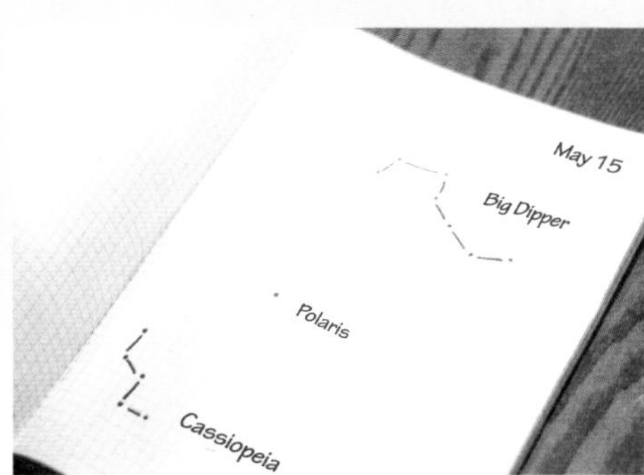

图3：画出仙后座的“W”形状。

科学揭秘

北斗七星是一组非常有用的恒星。沿着勺子边上的2颗星可以找到北极星，继续画下去可以到达仙后座，沿勺柄的曲线可以找到大角星，北斗的勺子里的水流下去落到狮子座上。只要你能找到北斗，你就能发现更多的星座。

还记得实验46（见第126页）吗？我们地球的北极几乎正对着北极星的方向。现在，你如果生活在不同的地方，会见到不同的恒星，但只要在北半球，北极星就从来不会下落，所有恒星都围绕着它旋转。

你越是往北走，北极星在天上的位置就越高，许多恒星都不会落下。当你就站在北极点的时候，所有恒星围绕北极星永不下落。你越是往南走，北极星的位置就越低，不下落的恒星就越少。当你来到地球的赤道，所有的恒星都有升有落。如果你继续往南走，就看不到北极星了，因为它落到了地平面以下。你可能想知道地球的南极是否也对着一颗南极星，实际上不存在南极星。事实上，在北极的方向上有一颗亮星纯属巧合。在南极附近可以找到一些亮星组成的南十字座，十字的下方指向南极方向，但略有偏差。

实验 52

超新星反弹

猎户座的一颗恒星某一天会成为超新星，这意味着什么？

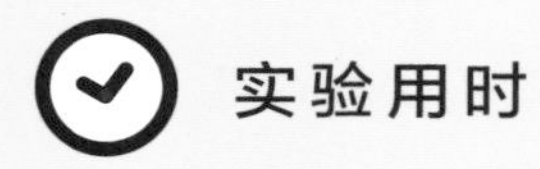

实验用时

5分钟

实验材料

→ 网球

→ 足球（或篮球）

安全提示

— 做这个实验要在室外的硬地面上，不要在窗户或其他易碎物品附近做

图1：在室外拿着网球扔下。

图2：拿着足球（或篮球）扔下。

图3：将网球和足球（或篮球）一起扔下。

实验步骤

第1步：向前伸直手臂，拿着网球。预测一下网球能够反弹的高度。扔下网球，观测反弹的高度。（图1）

第2步：伸直手臂拿着足球（或篮球）。预测一下扔下足球的时候，足球反弹的高度。扔下足球，观察反弹的高度。（图2）

第3步：手持网球，将它放在足球（或篮球）的上方。预测一下，同时扔下两个球，它们反弹的高度如何。同时扔下两个球，看看它们能反弹多高。比起一个一个地扔，有什么区别？（图3）

奇思妙想

你可以试着做恒星颜色的饼干，要有成年人在身边协助。用你最喜欢的糖饼干面粉，做出圆面团——因为恒星是球型的。按照饼干制作步骤做出饼干，冷却之后，涂上白色糖衣或糖霜。留下这个白色的球，再用食用色素把其他的涂成红色、橙色、黄色、蓝白色、蓝色，这些就是恒星的不同颜色。糖霜晾干后，你可以用装着深蓝色或黑色凝胶的吸管写上它们的名字。享用你的恒星饼干吧！

科学揭秘

恒星在其中心处产生能量，那里称为恒星的内核。只有能产生能量，才算得上真正的恒星。

恒星由大量的物质构成，这让恒星具有巨大的引力。引力把恒星的热气体向中心拉。中心产生的能量将热气体往外推。如果一颗巨大的恒星不再产生能量，结果会怎样？缺乏了向外推的能量，引力把外层物质拉向恒星中心，小部分热气体在外层爆炸，这就是超新星。

足球（或篮球）与网球一起落下的时候，网球吸收了足球（或篮球）的能量，所以网球会反弹得更高。

在这个实验中，想象一下：恒星就像一个洋葱。你脚下的地面代表恒星中心最致密的部分，足球（或篮球）代表恒星中心偏外的部分，网球代表恒星其余的外层部分。超新星爆发的时候，恒星的大部分物质位于核心，就像是实验中的地面。只有少量物质向外反弹，就像网球。

我们的太阳会变成超新星爆发吗？不会。只有比太阳大得多的恒星才会。实验49中提到的那颗恒星——参宿四，将在几百万年之后爆发。到时候，参宿四会长时间地在天空中保持明亮，然后逐渐暗淡。猎户座的两个“肩膀”就只剩下一个了。

更多资源

你想要继续享受天文的乐趣吗？在你的城市或者网上一定有许多资源，这里是一些给你的建议。

→ 了解天空的最好方式就是不断尝试！要尽可能多地出去走走，并且不断观察，画草图，还有做笔记。每日每月都要不间断地观察月亮和星座等，追寻日出和日落。有机会的时候可以去看看没有灯光污染的夜空。要经常复习你以前的笔记并且看看你究竟学到了多少知识。记得在你买望远镜之前做这些事情，因为只有你首先意识到你在观测的是什么，使用望远镜才会变得更加简单方便。

→ 参观你们当地的天文馆或科技博物馆。这些科技馆中的很大一部分会拥有一些项目，可以向你展示今天的夜空里有什么，并且这些项目在一年中会随着季节的变换而改变内容，这样你就可以看到不同的星星。一些博物馆还拥有夜空望远镜的项目。

→ 在你尝试实验46~51（见第126页～第136页）之前，参观天文馆或许会是一个好主意。如果你想学习如何在夜空中找到水星、金星、火星、木星或土星，这也是一个好办法。地球和这些行星都会运动，所以它们在夜空中的位置每年都不同，因此，了解它们会变得更加困难。

→ 咨询一下你们当地的天文馆是否有露营或者过夜的活动，或者询问一下需要多大的年龄可以去那里做志愿者。

→ 找一个当地的天文俱乐部。许多俱乐部都有一些谁都可以加入的项目，会员们甚至可能会在会后放置望远镜。有些俱乐部会在公共区域放置望远镜，去看一看吧！

→ 在网络上或手机应用商店里找一些天文方面的直播博主。

→ 一些当地的图书馆有单筒望远镜或双筒望远镜，你或许可以在办理登记手续后取走几个星期。在你买望远镜之前尝试一下吧！

→ 找一些在公园、博物馆和天文馆举办的眺望星空或是“星空派对”的活动。很多时候，这些活动会在天空中有有趣的事情发生的时候举办，比如日食或者流星雨。

→ 有很多方法可以帮助你做真正的科学实验。可以在网上搜索相关栏目，比如：

· NASA漫游者观测云项目：scool.larc.nasa.gov

→ 想要知道宇宙里正在发生什么？查看NASA的网站：www.nasa.gov，或者欧洲航天局的网站：www.esa.int。

→ NASA需要用很多不同的太空望远镜来观测宇宙中离我们很近或很远的事物。

· 斯皮策空间望远镜：www.spitzer.caltech.edu
· 哈勃空间望远镜：www.hubblesite.org
· 康德拉X射线观察仪：chandra.harvard.edu
· 费米伽马射线太空望远镜：fermi.gsfc.nasa.gov

→ 下载并使用免费的计算机星象仪软件，比如：

· 虚拟天文馆：www.stellarium.org
· 全球望远镜：www.worldwidetelescope.org

→ 每天晚上的星空都会有一些有趣的事情。在www.earthsky.org/tonight上找一找哪里可以看到吧。

感谢这些孩子对实验的贡献！

Matthew　Kathryn　Darwin

Novella　Madison　Claudia　Mikayla

Arlo　Analise　Ruby　Logan

Elio　Elijah

致谢

有许多人帮助我完成这本书。尽管对于他们所给予的帮助来说，我的感激之情是远远不够的，在此，我仍然想对他们一一表达我的谢意。首先，我要感谢我的丈夫Brian，他在整个过程中自始至终地鼓励我，同时感谢我所有的家人。

感谢所有Quarry Books的职员和所有的编辑以及设计者，谢谢你们的耐心、宽容和热情。Jonathan Simcosky，你和你的同事把机会给了一个新手作者，对此，我很感激。

我必须得感谢我的摄影师David Miller所拍摄的美丽的作品。没有人能像你一样让这些实验活动如此闪耀。

感谢所有的父母们（尤其是Kelli Landes、Joe Kim、Glenn以及Barb Yehling）同意并允许他们的孩子们出现在这本书的照片里，同样感谢孩子们！

最后，感谢许多和我一起在阿德勒天文馆（Adler Planetarium）工作过的同事们，是你们激励我成为一个更好的教育者。

我希望这本书能使你们所有人感到骄傲！

关于作者

米歇尔·尼科尔斯（Michelle Nichols）是美国伊利诺伊州芝加哥阿德勒天文馆的一位资深教育工作者，她在天文馆工作了二十多年。她拥有伊利诺伊大学厄巴纳-香槟分校的理学士学位和国立路易斯大学的教育学硕士学位。米歇尔是一位狂热的夜空观察家，并且她热爱跑步、烹饪、园艺，还为她最爱的芝加哥队欢呼。她和她的丈夫住在芝加哥郊区。

译后记

北京师范大学　高爽

我本科学的就是天文学专业。记得刚上大学的时候，老师说过一句教科书式的话：“宇宙为我们提供了最独特的实验室。”当时年纪尚小，学业不精，不能深刻领会这句话的意思，只是觉得，每个学科的老师都一定会尽可能宣扬自己学科的好，这些“自卖自夸”的说法不足为奇。

直到我在工作中从事了一些科学传播和教育的项目，才真切地理解了什么叫做“最独特的实验室”。我们曾想拍摄一颗恒星爆发的视频，就利用生活中容易找到的材料和操作方法，做小实验或演示，来模仿恒星内部的物理过程，从而实现科普的目的。但是，这个把科学过程变成生活模拟的工作，十分艰难。恒星内部在进行核聚变反应。核聚变是什么？就是氢弹爆炸。只有氢弹爆炸的过程才能体现恒星内部产生能量的原理。但谁也不可能做出这样的演示。

本书，恰恰是在这类问题上进行了很精彩的探索：用小球和大球的反弹来演示超新星爆发时物质落入恒星核心后反弹的原理；在水中滴入牛奶模拟天空的瑞利散射造成蓝天的原理；两个人戴着荧光棒旋转，模拟了天文学家利用恒星亮度变化找到不可见天体的原理；用微波炉加热巧克力来让人理解波的原理……

我们希望，有学校或家庭，愿意尝试用这本书作为未来一年的天文学实验指南。可以每周完成一个实验，做好科学笔记，搞懂背后的原理。52个实验会让你度过一个精彩的天文年。

当然，我们相信，科学的复杂原理很难用简单的现象充分描述。所有的实验和演示，从某种意义上说，都带有一定程度的简化。简化可能带来粗糙和不严谨。我们的能力有限，也很可能写下了错误的翻译。但我想，这不该是一本被你奉为圭臬的教科书。这本书的使用过程，应该伴随着无伤大雅的“实验事故”、实验失败、实验变更……你要动起手来，到实验台上，到房间里，到户外去真正地动起手来。或许使用本书半年之后，书页就因为忙于动手操作而不慎沾满了污迹，或许浸过水，或许已经开始脱页，这不是本书的悲哀，而是它最大的成功。不要仰视这本书，要仰视你的双手，和我们的天空。

这本书的翻译，是我们这个团队的第一次合作。河马星球，是我给团队起的名字。成员由天文学专业和其他对天文学有浓厚兴趣的研究生、本科生组成。我们将大量休息时间奉献出来，希望能用自己一点微薄的心力，影响更多的孩子。我们是（排名不分先后）：

天文学专业本科生　杨航
天文学专业本科生　高然
天文学专业本科生　李天
天文学专业研究生　于斌
天文学专业研究生　赵赫
工商管理专业本科生　吴浥晨
舞蹈专业本科生　张家荣
天文学专业教师　高爽

FOR KIDS LaB

给孩子的实验室系列

- 给孩子的厨房实验室
- 给孩子的户外实验室
- 给孩子的动画实验室
- 给孩子的烘焙实验室
- 给孩子的数学实验室
- 给孩子的天文学实验室
- 给孩子的地质学实验室
- 给孩子的能量实验室
- 给孩子的 STEAM 实验室
- 给孩子的脑科学实验室

扫码关注
获得更多图书资讯